Ricardo Santillán Mendoza
María Elena Mellado Rojas
Elda Beltrán Peña

# Autofagia inducida por insulina en cultivos de células de tabaco NT-1

Ricardo Santillán Mendoza
María Elena Mellado Rojas
Elda Beltrán Peña

# Autofagia inducida por insulina en cultivos de células de tabaco NT-1

## Mecanismo de reciclaje en eucariontes

PUBLICIA

**Imprint**



Cover image: www.ingimage.com

Publisher:
PUBLICIA
is a trademark of
International Book Market Service Ltd., member of OmniScriptum Publishing Group
17 Meldrum Street, Beau Bassin 71504, Mauritius

Printed at: see last page
**ISBN: 978-620-2-43125-5**

## ÍNDICE GENERAL

## ÍNDICE DE FIGURAS

# Resumen

Como proceso catabólico durante el desarrollo o limitación nutricional la autofagia permite a las células reciclar componentes intracelulares, incluyendo organelos. La maquinaria necesaria para la autofagia se encuentra conservada entre organismos eucariontes y permite el reciclamiento de nutrientes mediante el transporte de materiales del citoplasma hacia los lisosomas (animales) o vacuolas (levaduras y vegetales) manteniendo una homeostasis celular adecuada. Por otra parte, la insulina en metazoarios regula los niveles de glucosa en sangre y el crecimiento a través de la activación de dos vías de señalización: la PI3K/TOR/S6K y la MAPK. A pesar de que la insulina es una hormona clásica de animales, las plantas como frijol, maíz, tabaco y *Arabidopsis* también responden a dicha hormona, estimulando el desarrollo. En la vía PI3K/TOR, TOR activa regula negativamente la autofagia, tanto en animales como en vegetales. En trabajos previos del laboratorio, se observó en cultivos de células de tabaco NT-1, que la insulina estimula la proliferación celular solamente en presencia de auxinas, y que la carencia de auxinas promueve la formación de estructuras similares a autofagosomas. Por lo antes mencionado y debido a que no existen reportes sobre el efecto de las auxinas o de la insulina sobre la autofagia, en el presente estudio se determinara si la disponibilidad de auxinas y/o la adición de insulina inducen la autofagia, así como el posible mecanismo involucrado en la activación de la autofagia bajo dichas condiciones.

ANTECEDENTES

## I) Autofagia

Los organismos eucariontes poseen la capacidad de adaptarse a los cambios ambientales a través de un ajuste en su metabolismo. Por ejemplo, en condiciones de baja disponibilidad nutricional las macromoléculas son degradadas para producir los sustratos requeridos en la producción de energía. La autofagia es el mecanismo principal por el cual las células degradan las biomoléculas, sin embargo, la autofagia también puede eliminar organelos redundantes o dañados (Meijer, 2008).

El término “autofagia” deriva de las palabras griegas “phagy” que significa comer, y “auto”, uno mismo. La autofagia es un proceso evolutivamente conservado en eucariontes mediante el cual, la carga citoplasmática secuestrada dentro de vesículas de doble membrana se entrega a los lisosomas para su degradación. Cuando la autofagia fue descubierta hace más de 40 años, era incierto el por qué la célula auto-digería sus propios componentes. La hipótesis más simple fue que era un mecanismo de eliminación de basura celular. Sin embargo, desde entonces hemos aprendido que este proceso de “auto-alimentación” no sólo elimina proteínas intracelulares mal plegadas o de larga vida, orgánelos dañados y microorganismos invasores, sino que también es una respuesta adaptativa para proporcionar nutrientes y energía durante la exposición a varios tipos de estreses. La autofagia se ha involucrado en la fisiopatología humana, a enfermedades diversas como el cáncer, la neurodegeneración, la respuesta inmune, el desarrollo y el envejecimiento (Yang y Klionsky, 2010).

Durante la autofagia, parte del citoplasma es secuestrado por estructuras de doble membrana llamados autofagosomas, cuyo origen aún no ha sido establecido por completo pero se piensa que derivan de regiones especializadas del retículo endoplasmático (Reggiori y Klionsky, 2005).

El proceso básico de autofagia esta conservado entre eucariontes desde levaduras hasta animales y plantas. Varios tipos de autofagia han sido descritos en una gran variedad de especies, incluyen la microautofagia (Mijaljica et al., 2011), la macroautofagia (Yang y Klionsky, 2009), la autofagia mediada por chaperonas (Orenstein y Cuervo, 2010) y la autofagia órgano especifica (Reumann et al., 2010). En plantas ocurre, la microautofagia y la macroautofagia; la primera involucra la formación de una pequeña vesícula intravacuolar por invaginación del tonoplasto, llamada cuerpo autofágico, que engulle componentes citoplasmáticos; mientras que en la macroautofagia, los autofagosomas citoplasmáticos envuelven componentes citosolicos para su degradación (Bassham, 2007).

El conocimiento de la autofagia a nivel molecular, comenzó a finales de 1990, revolucionando con esto la capacidad de detectar y manipular genéticamente dicho proceso, lo que permitió el crecimiento en las investigaciones del campo realzando la importancia de la autofagia en la salud. Aunque la autofagia fue inicialmente identificada en mamíferos, un progreso importante en el conocimiento de su regulación proviene del análisis genético de levaduras, en donde más de 30 genes relacionados con autofagia (*ATG*) han sido identificados. Dichos genes se dividen en cuatro grupos funcionales: a) el complejo de cinasas ATG1-ATG13, b) ATG9 y proteínas asociadas, c) el complejo formado por la fosfatidilinositol 3-cinasa (PI3K) y otras proteínas y d) dos sistemas de conjugación tipo ubiquitina. Los estudios en levadura facilitaron la identificación de genes homólogos en plantas, requeridos para llevar a cabo la autofagia y proporcionaron una guía para la investigación de sus funciones moleculares (Yang y Klionsky, 2010).

**a) Autofagia en plantas**

Las plantas por su forma de vida sésil, se enfrentan a condiciones ambientales desfavorables tanto climáticas como a la disponibilidad de nutrientes, de ahí que hayan desarrollado procesos sofisticados para su sobrevivencia. Siendo uno de ellos, la autofagia que es un mecanismo de degradación de macromoléculas que recicla materiales celulares dañados o no requeridos, y permite a las plantas enfrentar condiciones de estrés o adecuarse a procesos de desarrollo como la transición del crecimiento vegetativo al reproductivo. La mayoría de la maquinaria requerida para la autofagia se encuentra conservada entre organismos eucariontes y cuando se induce se reciclan por los autofagosomas nutrientes mediante el transporte de materiales del citoplasma a vacuolas (levaduras y células vegetales), lo que resulta en el mantenimiento de la homeostasis celular. (Inoue et al., 2006; Liu y Bassham, 2012).

Después de la inducción de la autofagia, el autofagosoma se forma alrededor del material que está destinado para degradación, y libera esta carga a la vacuola. La membrana externa del autofagosoma se fusiona con la membrana de la vacuola y posteriormente, las hidrolasas vacuolares degradan la carga y la membrana interna del autofagosoma (Fig. 5.1 Capt 5. Fronteras en la Bioquímica del Desarrollo de Plantas, 2013) (Liu y Bassham, 2012).

Hasta hace poco, nuestro conocimiento sobre los aspectos moleculares de la autofagia vegetal era escaso comparado con el de levaduras y mamíferos. No obstante, ahora se sabe que los cuatro grupos de genes involucrados en la autofagia antes mencionados se encuentran conservados en plantas. Además, la búsqueda en plantas de los genes involucrados en la vía autofágica ha sido enfocada en *Arabidopsis thaliana*, donde se han aislado mutantes knockout para homólogos de los genes de autofagia de levaduras. Las mutantes de estos genes en *Arabidopsis*, mostraron fenotipos defectuosos en el reciclamiento de nutrientes como: hipersensibilidad a privación de macronutrientes y senescencia prematura. Lo anterior sugiere que la autofagia en plantas es un componente importante en la vía de reciclamiento (Tabla 5.1 Capt 5. Fronteras en la Bioquímica del Desarrollo de Plantas, 2013) (Bassham, 2009).

Para el estudio de la autofagia en plantas se emplean varios marcadores, siendo los más comunes: las construcciones genéticas que incluyen a los promotores de genes relacionados con la autofagia (*ATG*) fusionados a la secuencia de la proteína verde fluorescente (GFP); el colorante específico para autofagosomas, la monodansylcadaverina (MDC) y el inhibidor de proteasas de cisteína (E-64c), que impide la fusión de los autofagomas con la vacuola, reteniéndolos en el citosol. En conjunto, el uso de tales marcadores, ha permitido la detección rápida de la autofagia en células vegetales por su especificidad en el marcaje y retención de los autofagosomas en el citoplasma (Takatsuka et al., 2011; Liu y Bassham, 2012).

**b) Factores que inducen la autofagia en plantas**

El estrés abiótico más común que induce la autofagia es la privación de nutrientes, debido a que dicho proceso es requerido para la movilización de moléculas, aunque también se ha involucrado al estrés oxidativo (Xiong et al., 2007). También, se ha determinado la participación de la autofagia en la tolerancia de las plantas a sequía y estrés salino, lo que la implica en la remoción de proteínas y organelos dañados durante tales condiciones. Por otro lado, se ha reportado que la proteína inducida por ácido abscísico (AtTSPO), es degradada vía autofágica, lo que sugiere su participación en las respuestas al ácido abscísico (Liu et al., 2009; Vanhee et al., 2011).

Debido a que la privación de nutrientes (carbono y nitrógeno) pueden activar la autofagia, esta condición ha sido usada para su estudio en plantas. Durante la privación de nutrientes, ocurre la formación de autofagosomas y la degradación de materiales citoplásmicos en los compartimientos líticos de cultivos de células vegetales. Mutaciones en genes de la familia *ATG* inducen la expresión de marcadores de senescencia, indicando que las condiciones limitantes de nutrientes aceleran la senescencia. En conjunto se sugiere que la autofagia sirve como un sistema regulador que facilita el suministro de nutrientes bajo condiciones de inanición (Rose et al., 2006).

Debido a que la autofagia recicla materiales citoplásmicos, es comprensible que funcione durante la senescencia y la germinación, ejemplo de esto es el reciclamiento del nitrógeno, el cual se encuentra contenido en un 80% en los cloroplastos. Durante la senescencia las plantas reciclan el nitrógeno de las hojas viejas hacia los órganos en desarrollo (Guiboileau et al., 2010). Otro ejemplo de la participación de la autofagia durante el desarrollo, es la germinación de las semillas, donde las plantas sintetizan grandes cantidades de proteínas en las semillas y las conservan en vacuolas de almacenamiento. Después de la germinación, dichas proteínas son degradadas para aportar nutrientes durante el crecimiento de los nuevos órganos en formación (Ibl y Stoger, 2012).

### c) Mecanismos moleculares de la autofagia en plantas

Estreses nutricionales, oxidativos y energéticos, inducen marcadamente la autofagia en la mayoría de los tipos celulares, para mantener la sobrevivencia celular bajo estas condiciones. El papel central de TOR como regulador negativo de la autofagia en respuesta a los distintos estreses ha conducido al estudio del mecanismo mediante el cual la señalización por TOR suprime la autofagia de manera dependiente del estatus nutricional (Chang et al., 2009). TOR dependiendo del estatus nutricional regula la autofagia a través del complejo ATG1-ATG13-ATG17. Bajo condiciones normales TOR se activa y fosforila a ATG13; ésta proteína al ser hiperfosforilada, presenta baja afinidad por ATG1 y ATG17. TOR es inactivada en inanición o por tratamiento con su inhibidor (rapamicina), lo que induce la desfosforilación de ATG13, la cual, entonces adquiere una alta afinidad por ATG1 y ATG17. La actividad de cinasa de ATG1 es promovida después de su interaccion con ATG13 y ATG17, lo que conduce a la inducción de la autofagia (Kamada et al., 2000).

Los componentes clave de esta vía reguladora de la autofagia se encuentran conservados en metazoarios y en plantas. Recientemente, se determinó en *Arabidopsis* la participación del complejo cinasa ATG1/ATG13 en la iniciación de la formación del autofagosoma en respuesta a la demanda de nutrientes (Suttangkakul et al., 2011).

También, el complejo transmembranal ATG9/ATG2/ATG18 participa en la promoción de la expansión del fagóforo a partir del retículo endoplásmico (Xie y Klionsky, 2007). Mientras que, el complejo PI3K (VPS34) es requerido durante la nucleación del autofagosoma y para la localización de la estructura pre-autofagosomal (PAS por sus siglas en inglés). Dicho complejo contiene además de PI3K a ATG6 (Beclina 1 en mamíferos) que regula la actividad de PI3K y por tanto, la producción de fosfatidilinositol3-fosfato (PI3P), fosfolípido indispensable para la formación de los autofagosomas. El complejo de PI3K contiene a la proteína VPS15, cuya función permite la asociación de VPS34 a la membrana, aquí es donde ATG14 entonces se conecta a PI3K. Finalmente en el proceso de autofagia participan dos sistemas de conjugación tipo ubiquitina: en el primero, ATG12, induce la expansión del fagoforo, mientras que en el segundo, ATG8, decora la membrana del fagóforo con la proteína ATG8 unida al fosfolípido fosfatidil etanolamina (PE) con ATG5 respectivamente (Yang y Klionsky, 2009; Suttangkakul et al., 2011). En la figura 1 se ilustra el proceso de autofagia en células vegetales de forma detallada.

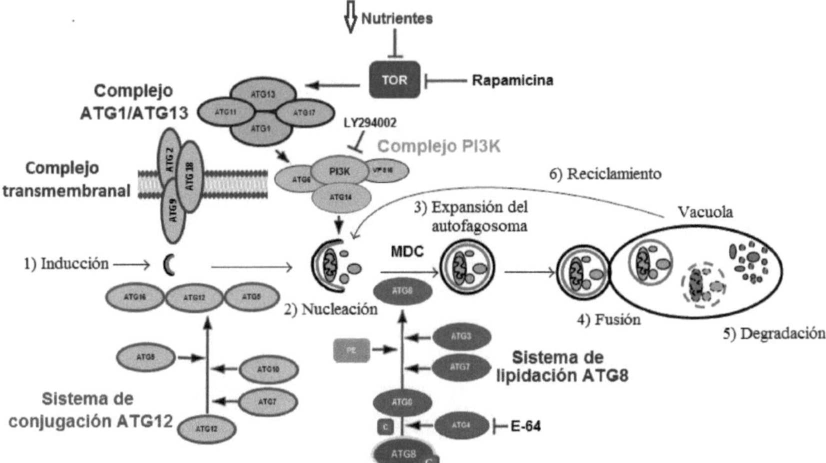


**Figura 1. Vía de autofagia en células vegetales.** Al inducirse la autofagia, un autofagosoma se forma alrededor de una porción del citoplasma. Posteriormente, el autofagosoma se cierra, expande y transporta la carga citoplasmática a la vacuola. La membrana externa del autofagosoma se fusiona con la membrana de la vacuola y la membrana sencilla resultante (cuerpo autofágico), es liberada en el interior de la vacuola. Los cuerpos autofágicos son degradados por enzimas hidrolíticas vacuolares, y los productos de la degradación son exportados de la vacuola al citoplasma para su reutilización. Para el estudio de la autofagia se emplean inhibidores de TOR (rapamicina), de PI3K (LY294002, wortmanina) y de ATG4 (la proteasa de cisteína, E-64c) (Modificado de Mitou et al., 2009; Suttangkakul et al., 2011; Liu y Bassham, 2012).

**d) Ejemplos de la autofagia en plantas**

En investigaciones sobre la autofagia realizados en *Arabidopsis*, se ha analizado la participación de los sistemas de conjugación ATG8 y ATG12 componentes clave para el crecimiento y fusión del autofagosoma, además de que dichos complejos son importantes para la sobrevivencia bajo condiciones limitantes de nutrientes. Mutaciones en *Arabidopsis* en los componentes de los sistemas antes mencionados como *atg7* y *atg5* mostraron una formación de autofagosomas defectuosa, lo que impidió el correcto reciclamiento de nutrientes, además, las plantas mutantes *atg5* y *atg7* mostraron senescencia prematura y mayor sensibilidad a la carencia de nitrógeno y carbono, lo que condujo a una mayor pérdida de organelos y proteínas citoplasmáticas. Fenotipos similares fueron observados en plantas dobles mutantes de *atg4a4b*, sin embargo en mutantes simples de *atg4a* o *atg4b* se observó una autofagia normal, lo que indica una redundancia en *ATG4* en *Arabidopsis*. (Yoshimoto et al., 2004; Thompson et al., 2005).

Recientemente, se determinó que mutantes de *Arabidopsis* deficientes en la autofagia presentaron un crecimiento reducido bajo condiciones de día corto. Dicha inhibición en el crecimiento, fue revertida en luz continúa o en día corto más la adición exógena de sacarosa, lo que sugiere que la autofagia estaba participando en la producción de energía en la noche para el crecimiento. Las plantas, acumulan almidón durante el día y lo degradan en la respiración durante la noche, donde la disponibilidad energética se encontró disminuida en mutantes que no acumulan almidón. En una doble mutante en la acumulación de almidón y *atg5* se observó mayor sensibilidad al periodo de día corto, las plantas mostraron reducción en el crecimiento y muerte celular temprana en hojas. Los autores concluyeron que la autofagia contribuía a la disponibilidad de energía durante la noche, al proporcionar una fuente alternativa de energía como los aminoácidos (aa). El contenido de aa libres incremento, y los niveles del transcrito de varios genes involucrados en el catabolismo de aa también aumentaron en las mutantes (Izumi et al., 2013).

Por otro lado, el almidón transitorio, es el principal producto fotosintético de hojas en plantas, que se acumula en los cloroplastos durante el día y es hidrolizado a maltosa y glucosa en la noche para mantener la respiración y el metabolismo. Estudios previos en *Arabidopsis* sugieren que la degradación transitoria del almidon solo ocurría en el cloroplasto. Sin embargo, Wang y colaboradores (2013), reportaron que la autofagia, proceso que no involucra a los cloroplastos, participa en la degradación de almidón en hojas de tabaco. La acumulación excesiva de almidón fue observada en plántulas de *Nicotiana benthamiana* tratadas con 3-metiladenina (3-MA), inhibidor de autofagia y en mutantes *ATG*. La actividad autofágica en las hojas respondió a una dinámica del contenido de almidón durante la noche. Mientras que, analisis de microscopía revelaron que estructuras similares a granulos pequeños de almidón (SSGL, por sus siglas en inglés) fueron localizados alrededor del cloroplasto y subsecuentemente secuestrados por cuerpos autofágicos y dirigidos a la vacuola. Además, se observó un aumento en el número de SSGLs durante la degradación del almidón, y el inhibir de la autofagia disminuyó el número de SSGLs localizados en la vacuola, sugiriendo, que la autofagia contribuye a la degradación transitoria del almidón por medio del transporte de SSGLs a la vacuola para su subsecuente degradación.

## II) Insulina

En metazoarios las hormonas se sintetizan en las glándulas endocrinas y se segregan directamente al torrente sanguíneo para transmitir y controlar la actividad de las células blanco. Las hormonas estimulan actividades metabólicas en tejidos situados a distancia del órgano secretor y son activas a concentraciones extraordinariamente bajas del orden de micro a picomoles (Mathews et al., 2002). Tal es el caso de la insulina, hormona proteica con un peso molecular de ~6 kDa, que en mamíferos es segregada por el páncreas en respuesta a niveles elevados de glucosa en sangre. Las células capaces de responder a la insulina poseen un receptor proteico transmembranal formado por dos cadenas polipeptídicas α y dos β (Karp, 2005). La insulina incrementa la absorción de glucosa en las células blanco por la translocación de transportadores de glucosa desde sitios intracelulares hacia la superficie. La insulina también activa dos cascadas de transducción de señales: la vía del fosfatidil inositol-3-cinasa (PI3K) y la de las proteínas cinasas activadas por mitógenos (MAPK). La activación de las cascadas de señalización por insulina o factores de crecimiento parecidos a la insulina (IGFs), inicia cuando éstos se enlazan al receptor de la insulina tipo tirosina-cinasa que se autofosforila y cataliza la fosforilación de proteínas celulares como: el receptor de insulina (IRS), y las proteínas adaptadoras Shc y Cbl, que proveen una interface entre el receptor activado y los efectores localizados río abajo. Cuando se fosforilan estas últimas proteínas, interactúan con moléculas de señalización a través de sus dominios SH2, resultando en la estimulación de diversas rutas de señalización como la PI3K y MAPK. Estas rutas actúan coordinadamente para regular el tráfico vesicular, la síntesis de proteínas, la activación de enzimas y la expresión genética, lo cual resulta en una regulación del metabolismo de la glucosa, lípidos y proteínas, y la diferenciación y crecimiento celular (Fig. 2) (Saltiel y Kahn, 2001).

### a) Vías de transducción de señales activadas por la insulina

La insulina o IGFs se une al receptor transmembranal (IR), este a su vez se autofosforila desencadenando con ello la activación de tres rutas de señalización diferentes. La primera vía (I) activa al complejo proteico Cbl/Cap/Crk/C3G /TC10, que promueve la translocación del transportador de glucosa GLUT4 a la membrana plasmática, favoreciendo así, la entrada de glucosa a la célula (Wang et al., 1999). En la segunda ruta (II) el sustrato receptor de insulina (IRS) fosforila a la cinasa PI3K, la cual a su vez, por medio de una serie de fosforilaciones de proteínas río abajo (AKT, PKC, mTOR, S6K y 4EBP) regula la síntesis de proteínas, lípidos y glucógeno, así como la expresión específica de genes. Finalmente, en la tercera vía (III) proteínas con dominios de homología SH2 como la Grb2 y SHC interactúan con el IRS, y estimulan la ruta a través de Ras, MEK y ERK-1, lo que conduce a la expresión general de genes y al igual que la ruta PI3K regula también el crecimiento y diferenciación celular (Fig. 2) (Saltiel y Kahn, 2001).

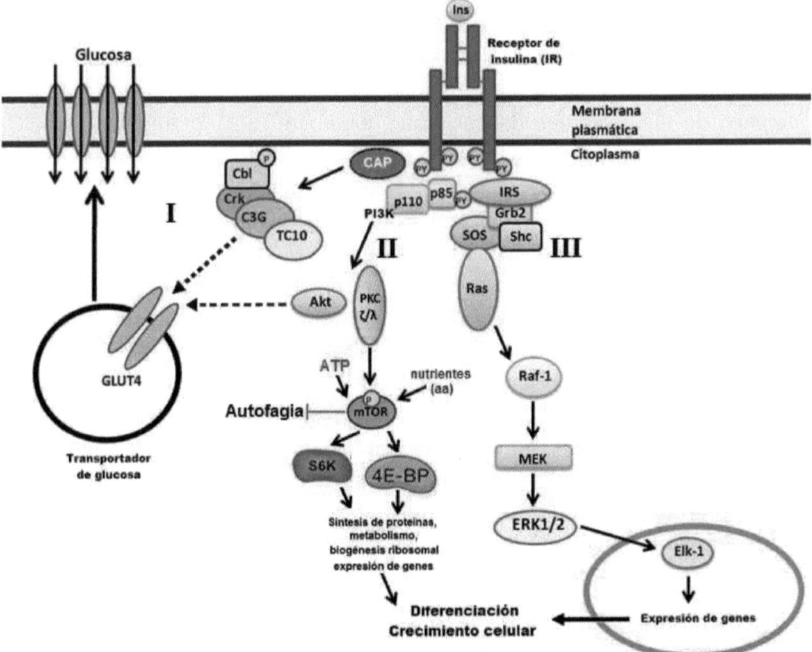


**Figura 2. Encendido de las cascadas de transducción de señales en respuesta a la insulina.** El receptor de insulina es una tirosina cinasa que se autofosforila, catalizando la fosforilación de proteínas de la familia IRS, Shc y Cbl. Activando así moléculas de señalización a través de sus dominios SH2 de diversas vías de señalización. La activación de PI3K y de las cinasas río abajo dependientes de PIP3, y la vía MAPK, actúan en una manera concertada para coordinar la regulación del tráfico vesicular, síntesis de proteínas, activación e inactivación de enzimas y expresión de genes que regulan el metabolismo de glucosa, lípidos y de proteínas. Las flechas representan activación, las barras inhibición y las líneas discontinuas una relación que aún no ha sido descrita completamente (Modificado de Olivares-Reyes y Arellano-Plancarte, 2008).

**b) Cascada de señalización PI3K/TOR/S6K**

La insulina en metazoarios se une a su receptor induciendo la activación de la cinasa PI3K a través del sustrato receptor de la insulina (IRS: Fig. 3) (Saltiel and Kahn, 2001). La PI3K cataliza la fosforilación de un lípido de membrana, el fosfatidil inositol 4,5 difosfato (PIP2) en la posición 3'OH produciendo el fosfatidil inositol 3,4,5 trifosfato (PIP3). Este último permite el reclutamiento a la membrana plasmática de la cinasa dependiente del fosfoinosítido 1 (PDK 1) y la proteína cinasa B (PKB) también conocida como AKT. Esta última separa el complejo de las proteínas de esclerosis tuberosa TSC1 (harmatina) y TSC2 (tuberina) e inhibe la actividad de la proteína RHEB (proteína de enlace a GTP homóloga de TOR) lo que activa a TOR. Esta última cinasa fosforila a sus blancos: la proteína de enlace al factor de inicio de la traducción eIF4E (4EBP) y la cinasa de la proteína ribosomal S6 (S6K) (Manning y Cantley, 2003). Al fosforilar TOR a 4EBP se libera al factor de inicio de la traducción eIF4E del complejo inactivo eIF4E/4EBP, permitiendo con ello que eIF4E se una al complejo de iniciación de la traducción eIF4F (formado por eIF4A, eIF4E y eIF4G). eIF4E es el factor limitante en el inicio de la traducción que se une a la estructura Cap (m7GpppN) en el extremo 5´ de los mRNAs (Gingras et al., 2001). S6K, a su vez fosforila a la proteína ribosomal S6 y los ribosomas fosforilados en S6 traducen preferencialmente a los mRNAs que presentan tractos de oligopirimidinas en el extremo 5' UTR (TOP). Los transcritos con estas características codifican para componentes del aparato traduccional, principalmente las proteínas ribosomales (Meyuhas, 2000).

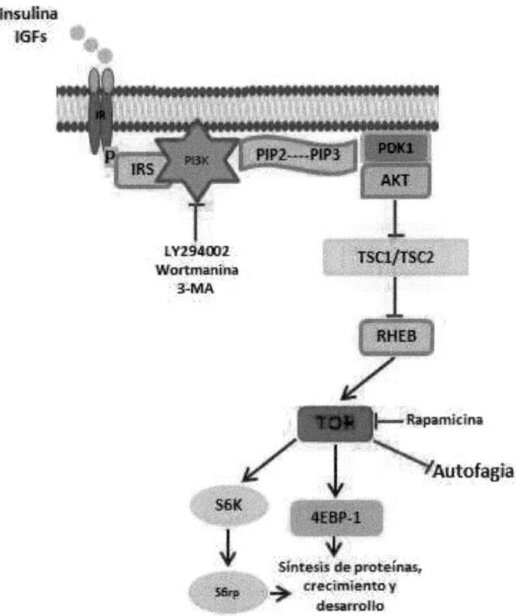


**Figura 3. Activación de la cascada PI3K-TOR por insulina**. El receptor de la insulina (IR) al unirse a su agonista se autofosforila y a través de la activación de PI3K estimula la fosforilación TOR. Esta última cinasa activa a sus blancos: 4EBP-1 y S6K promoviendo así la síntesis de proteínas, el crecimiento y la diferenciación (Saltiel y Kahn, 2001). Para estudiar esta cascada se han utilizado los inhibidores LY294002 y wortmanina que bloquean a la PI3K. En tanto que la rapamicina, al formar un complejo con la proteína FKBP12 inhibe a TOR (Vezina et al., 1975). En condiciones nutricionales adecuadas, la activación de TOR inhibe la autofagia, mientras que en inanición la inactivación de TOR favorece la inducción de la autofagia (Modificado de Klionsky, 2005).

Ortólogos potenciales de varios de los componentes de la cascada de señalización PI3K/TOR como PI3K, PDK1, TOR, S6K y S6 están presentes en las plantas. En *Arabidopsis* se ha identificado un tipo de cinasa PI3K que pertenece a la clase III de la subfamilia de las PI3Ks que tiene como sustrato al fosfatidilinositol produciendo el fosfatidilinositol-3- fosfato (PI3P) (Turck et al., 1998; Deak et al., 1999).

Las plantas, al igual que otros eucariontes poseen un gen que codifica para TOR (Menand et al., 2002; Turck et al., 2004). Sin embargo, carecen de genes ortólogos de la proteína de unión a eIF4E. Para el estudio de la cascada PI3K-TOR se utilizan compuestos químicos, como el LY294002 que es un inhibidor altamente selectivo de la cinasa PI3K (Vlahos et al., 1994). Dicho inhibidor se enlaza directamente con PI3K e inhibe su actividad, bloqueando la fosforilación de PKB, S6K y 4EBP. Turck y colaboradores (2004) en cultivos en suspensión de *Arabidopsis*, observaron que 50 µM de LY294002 abolía completamente la actividad de S6K. La rapamicina o sirolimus es un antimicótico producido por *Streptomyces hygroscopicus* (Vezina et al., 1975), que se une con alta afinidad a la inmunofilina FKBP12, formando un complejo que se enlaza a TOR inactivandolo, bloqueando así la fosforilación de S6K y 4EBP en mamíferos (Brunn et al., 1996). Existen reportes de una resistencia de las plantas superiores a la acción de la rapamicina, aunque se ha reportado que el maíz y las algas verdes como *Chlamydomonas reinhardtii* son susceptibles a dicho compuesto (Crespo et al., 2005; Sánchez de Jiménez et al., 1999).

**c) Efecto de la insulina en plantas**

Existen evidencias de que la insulina puede estar involucrada en el crecimiento de las plantas, los primeros reportes en cebollas, hojas de lechuga, raíces de cebada, remolacha, germinados de papa y arroz indican la presencia de sustancias parecidas a la insulina inicialmente denominadas "glucocininas" (Best, 1923; Collip, 1923). En maíz se observó que concentraciones altas de insulina y glucocinina retardaban la germinación, mientras que bajas la aceleraban (Ellis y Eyster, 1923). Otros estudios reportaron que aislados proteicos de centeno etiolado, hojas de espinacas y *Lemma gibba* presentaban propiedades fisicoquímicas similares a la insulina de animales (Collier et al., 1987). En cultivos de pepino, sandía y semillas de girasol también se observó que la hormona aceleraba la emergencia de la radícula (Goodman y Davis, 1993). A nivel molecular se reportó que la insulina promueve la germinación del maíz a través del reclutamiento a polisomas del transcrito de la proteína ribosomal S6 y el incremento en el nivel de fosforilación de dicha proteína (Sánchez de Jiménez et al., 1999). Por otra parte, también se observó la presencia de dos péptidos reconocidos por anticuerpos contra insulina de bovino de aproximadamente 8 y 24 kDa en extractos de maíz germinado por 46 horas (Beltrán-Peña., 1997). Dichos péptidos fueron posteriormente purificados, caracterizados y reportados como factores de crecimiento parecido a insulina de maíz (ZmIGF) (García Flores et al., 2001; Rodríguez-López et al., 2011). ZmIGF y la insulina regulan el crecimiento y la división celular en maíz, promoviendo la síntesis de proteínas ribosomales y del DNA (Rodríguez-López et al., 2011). Por otro lado, concentraciones crecientes de insulina bovina estimularon un incremento de masa y tamaño de los epicotilos y raíces, así como del número de raíces laterales en *Phaseolus vulgaris* (Santos, 2003).

Avila-Alejandre y colaboradores (2013), reportaron que 1.23 nM de insulina en ejes embrionarios de maíz regula la reiniciación del ciclo celular durante la germinación y promueve el crecimiento, la fosforilación de S6K, la acumulación del transcrito *S6rp* en la fracción polisomal y la síntesis *de novo* del DNA en la radicula y los coleoptilos. También observaron, que dicha hormona incrementó los niveles de los transcrito de *E2F* y *PCNA* lo que sugiere su efecto en la transición G1/S y en la activación de la proliferación celular. Por otro lado, Villa-Hernández y colaboradores (2013), reportaron que imbibición de ejes embrionarios de maíz en insulina por 3 h estimulaba la transcripción del rDNA y un mayor procesamiento del pre-rRNA, ambos eventos necesarios en la reactivación metabolica en la germinación. Además, la insulina también incrementó la síntesis *de novo* de las proteínas ribosomales RPS6 y RPL7 después de 24 h de imbibición. Así que los autores sugieren que, la biogénesis del ribosoma en los primeros estadios de imbibición es llevada a cabo con el rRNA recién sintetizado y la traducción de proteínas ribosomales de transcritos almacenados.

En nuestro grupo de trabajo hemos determinado que la insulina promueve el crecimiento de la raíz, de pelos radiculares, el desarrollo reproductivo y el rendimiento de semillas en *Arabidopsis* (Juárez–Domínguez et al., 2010; Pascual-Morales et al., 2012; Rodríguez-Andrade, 2012). Mientras que, en cultivos celulares de *Nicotiana tabacum* (NT-1) la adición de 1.23 y 12.3 nM de insulina estimuló la proliferación de las células mediante la activación de la cascada de señalización PI3K-TOR y que dicho efecto era dependiente de las auxinas (Fierros–Romero et al., 2010; Fierros-Romero, 2012).

## III) Especies reactivas de oxígeno (ERO)

Las especies reactivas de oxígeno (ERO) son pequeñas moléculas o iones altamente reactivos generados constantemente bajo condiciones normales como consecuencia del metabolismo. Las ERO se forman por la reducción incompleta de un electrón del oxígeno, e incluyen al ión superóxido ($O_2^{\bullet-}$), peróxido de hidrógeno ($H_2O_2$), radical oxidrilo ($OH^-$), singulete de oxígeno ($^1O_2$), óxido nítrico (NO), y peroxinitrito ($ONOO^-$) y pueden oxidar proteínas, lípidos, y DNA (Chen y Gibson, 2008). A pesar de los múltiples sistemas de modulación redox que poseen las células, cierta proporción de ERO escapan continuamente de la cadena respiratoria mitocondrial. La célula está equipada con un amplio sistema de defensa antioxidante (enzimático y no enzimático) para eliminar las ERO, ya sea directamente por intercepción o indirectamente revirtiendo el daño oxidativo. Cuando las ERO sobrepasan a los sistemas de defensa de la células la homeostasis es alterada, lo que resulta en un estrés oxidativo (Erusnalov y Kusmartsev, 2010).

Los organismos vivos que se encuentran en un medio oxidante producen constantemente ERO en mitocondrias, cloroplastos, peroxisomas y otros sitios de la células debido a procesos metabólicos como la respiración o fotosíntesis. Estas moléculas altamente reactivas pueden dañar las biomoléculas y consecuentemente estructuras celulares (Tripathy y Oelmuller, 2012).

Se cree que las ERO contribuyen al desarrollo de varias enfermedades relacionadas con la edad, y quizás, al propio proceso de envejecimiento a causa del estrés y daño oxidativo (Sohal et al., 2002). Además, enfermedades en las cuales han sido implicadas las ERO incluyen cáncer, arterosclerosis, enfermedades neurodegenerativas y diabetes (Hagen et al., 1994; Chowienczyk et al., 2000; Liu et al., 2003).

### a) Especies reactivas de oxígeno (ERO) en plantas

La generación de ERO en plantas es disparada por diferentes señales del ambiente, como alta concentración de luz, temperaturas bajas y altas, salinidad, sequía, deficiencia de nutrientes y ataque por patógenos (Tripathy y Oelmuller, 2012). Las plantas y otros organismos vivos han desarrollado una gran cantidad de antioxidantes, enzimas antioxidantes y otras moléculas pequeñas para disipar las ERO y que estas no causen daño daño. El desbalance entre la producción de ERO y su detoxificación mediante reacciones enzimáticas y no enzimáticas produce estrés oxidativo. Como resultado de la elevada formación de ERO, se produce daño foto-oxidativo al

DNA, proteínas y lípidos lo que conduce a la muerte celular (Apel y Hirt, 2004). Las ERO también actúan como moléculas de señalización involucradas en procesos de crecimiento y desarrollo, respuestas de defensa a patógenos tales como la respuesta hipersensible, resistencia sistémica, producción de hormonas, aclimatación y muerte celular programada (Apel y Hirt, 2004).

**b) Producción de intermediarios de las especies reactivas de oxígeno en plantas**

Organelos con una alta actividad de oxidación metabólica o con una tasa intensa de flujo electrónico, como los cloroplastos, mitocondrias y peroxisomas, son las principales fuentes de ERO en plantas. Junto con estos organelos, las peroxidasas y las amino-oxidasas presentes en la pared celular y las NADPH oxidasas localizadas en la membrana plasmática producen a menudo ERO, en respuesta a señales de estrés. El oxígeno producido continuamente dentro del cloroplasto debido al transporte de electrones durante la fotosíntesis es simultáneamente removido por reducción y asimilación (Tripathy y Oelmuller, 2012).

La fotorreducción del oxígeno al radical superóxido, ocurre debido a la reducción de los componentes del transporte de electrones asociados con el fotosistema I y a una reacción relacionada con el ciclo fotorrespiratorio en el peroxisoma. Cuando la disponibilidad de $CO_2$ está restringida en el interior de las hojas debido a varios estreses ambientales, la ribulosa-1,5-bifosfato carboxilasa oxidasa/oxigenasa cataliza una reacción competitiva, donde el oxígeno predomina sobre el $CO_2$ como un sustrato. Esta reacción de oxigenación produce el glicolato, que es transportado a los peroxisomas, lo que resulta en la formación de $H_2O_2$ después de una subsecuente oxidación por la glicolato oxidasa (Tripathy et al., 2007).

Las NADPH oxidasas de membrana plasmática contienen un flavocitocromo multimerico que forma una cadena transportadora de electrones capaz de reducir el $O_2$ a $O_2^-$. Inhibidores de estas oxidasas impiden la producción de ERO (Allan y Fluhr, 1997). Además de la NADPH oxidasa, la peroxidasa de pared celular dependiente de pH, la oxalato oxidasa y las amino-oxidasas han sido propuestas como enzimas productoras de ERO en el apoplasto (Xu et al., 2003; Walters, 2003).

Se cree que la mitocondria es la principal fuente de ERO en mamíferos, mientras que, en tejidos fotosintéticos su contribución en la síntesis de ERO no es significativa (Purvis, 1997). La cadena transportadora de electrones mitocondrial puede producir ERO, que transfieren un electrón simple al oxígeno formando $O_2^-$. La oxidasa alternativa mitocondrial (AOX por sus siglas en inglés) cataliza la oxidación de $O_2^-$ dependiente de ERO. La carencia de la inducción de AOX causa un incremento de estas últimas (Maxwell et al., 1999), mientras que en plantas que sobreexpresan a AOX muestran pequeñas lesiones de respuesta hipersensible en comparación con la línea silvestre en respuesta a infección por virus (Robson y Vanlerberghe, 2002). El tratamiento de células de *Arabidopsis* con $H_2O_2$ y su acumulación en tabaco deficiente en la catalasa conduce a la inducción de defensas antioxidantes y aumento en los niveles de AOX en la mitocondria (Sweetlove et al., 2008).

**c) NADPH oxidasas en plantas**

Los homólogos de oxidasas de explosión respiratoria (RBOHS por sus siglas en inglés) oxidan el NADPH citosolico y transfieren el electrón al $O_2$, generando de este modo superóxido el cual es subsecuentemente convertido a $H_2O_2$. Diez genes *RBOH* están presentes en el genoma de *Arabidopsis*, y codifican para proteínas localizadas en la membrana plasmática, donde el dominio oxidasa apoplástico es el responsable de la generación de superóxido en el apoplasto y el extremo N-terminal contiene regiones reguladoras de unión a calcio y dominios de fosforilación (Ogasawara et al., 2008; Takeda et al., 2008). Existe un cruce de señalización entre el calcio y la fosforilación en el control de la producción de ERO en el apoplasto (Kobayashi et al., 2007). Las RBOHS participan en defensa contra el ataque de patógenos, mediante la activación de la respuesta hipersensible y regulación de la inmunidad innata en plantas (Torres et al., 2002; Proels et al., 2010). También están involucradas en la formación de nódulos en *Medicago truncatula* (Marino et al., 2011) y en respuestas a estreses abióticos: calor, frío, sequía, salinidad y alta luz. La señalización por ERO es conducida célula a célula a través de su difusión, a su vez, también a larga distancia pueden participar en la resistencia sistémica adquirida (Miller et al., 2009). La NADPH oxidasa RbohC media la producción de ERO, que regula la expansión celular polarizada en pelos radiculares y el crecimiento en punta del polen, este último por las enzimas RbohH y RbohJ (Foreman et al., 2003; Potocky et al., 2007)

**d) Explosión oxidativa, ERO en interacción planta/microorganismo**

Después del ataque patogénico, la producción de ERO incrementa rápidamente para establecer la resistencia local y sistémica. En el sistema *Arabidopsis-Alternaria* se describe el papel dual de las ERO y de la RbohD. Esta última dispara la muerte en células dañadas por infección fúngica, y simultáneamente inhibe la muerte en las células vecinas mediante la supresión de los niveles de ácido salicílico y etileno (Pogány et al., 2009).

Un ejemplo comparable, es el hongo necrótrofo, *Sclerotinia sclerotiorum*, que presenta un amplio rango de huéspedes, y produce ácido oxálico como factor de patógenicidad clave (induce muerte celular programada tipo apoptosis en la planta huésped). Este tipo de muerte requiere la generación de ERO en el huésped, proceso disparado por el ácido oxálico secretado por el hongo. Inicialmente, *S. sclerotiorum* genera un ambiente reductor en las células hospederas vía el ácido oxálico que suprime las respuestas de defensa, incluyendo la explosión oxidativa y la deposición callosa. Una vez que la infección se establece, el hongo induce ERO en la planta lo que conduce a la muerte celular programada del tejido huésped, que tiene un efecto benéfico para el patógeno (Williams et al., 2011). Recientemente en mutantes deficientes en ácido oxálico de *S. sclerotiorum* (no patogénicas), se observó que disparan un fenotipo de muerte celular restringida en el huésped que inexplicablemente muestra marcas asociadas con la respuesta hipersensible de la planta (la deposición callosa y una explosión oxidativa pronunciada) lo que indica, que la planta lo reconoce y responde al ataque. Lo anterior, sugiere que la inhibición de la autofagia rescata el fenotipo de la mutante no patogénica, implicando a la autofagia en una respuesta de defensa en la interacción planta/hongo y una nueva función asociada con el ácido oxálico; llamada, supresión de la autofagia. Lo anterior indica que no todas las muertes celulares son equivalentes, y aunque la muerte celular programada ocurre en ambas situaciones, el resultado se basa en el control de la maquinaria de muerte celular (Kabbage et al., 2013).

**e) ERO y la transducción de señales**

Los receptores/sensores de ERO inducen cascadas de señalización que conducen a la expresión diferencial de genes.

Las células vegetales sensan las ERO por al menos tres mecanismos diferentes:

1. Receptores proteicos no identificados.
2. Componentes sensibles al balance redox que incluyen factores de transcripción, tales como NPR1 o HSFs.
3. Inhibición directa de fosfatasas por ERO

Las ERO son sensadas por receptores desconocidos. La especificidad en las respuestas y las diversas localizaciones donde las ERO son generadas, sugieren distintos blancos o mecanismos de percepción. Se cree que la percepción de las ERO es transducida por cambios en el estatus redox de los componentes de la señalización (Tripathy y Oelmuller, 2012).

Para el estudio del sensado apoplastíco de las ERO, una herramienta ampliamente utilizada es el contaminante de aire, el ozono, que genera ERO en el apoplasto. En diferentes ecotipos de *Arabidopsis* se ha observado varios grados de sensiblidad al ozono, desde tolerantes hasta extremadamente sensibles. Mediante un mapeo se identificaron genes regulados por ozono en poblaciones nativas de *Arabidopsis*. Las respuestas inducidas por ozono fueron similares a las mostradas por patógenos o por patrones moleculares asociados a patógenos sugiriendo que el ozono en el apoplasto dispara respuestas de muerte celular programada tipo hipersensible (Brosché et al., 2010). Recientemente, se identificaron dos miembros de una familia de genes receptores cinasa ricos en cisteína y una proteína con repeticiones ricas en leucina (LRR-RLK por sus siglas en inglés) en *Arabidopsis,* los cuales fueron inducidos transcripcionalmente después del tratamiento con ozono (Gauthier et al., 2011).

También, se ha determinado que una cinasa serina/treonina inducible por señal oxidativa 1 (OXI1 por sus siglas en inglés) que juega un papel central en el sensado de ERO por activación de las MAPK 3 y 6 a través de $Ca^{2+}$. La expresión de *OXI1* y su actividad es inducida en respuesta a un amplio rango de estímulos generados por $H_2O_2$. Dicha proteína es requerida para la inmunidad de la planta contra *Pseudomonas syringae* en *Arabidopsis*, y para dos procesos mediados por explosión oxidativa: la resistencia basal contra patógenos microbianos y el crecimiento de los pelos radiculares (Rentel et al., 2004; Petersen et al., 2009).

**f) ERO y autofagia**

Bajo condiciones fisiológicas normales, niveles moderados de ERO funciona como una señal en varias vías de señalización incluyendo la autofagia (Scherz-Shouval y Elazar, 2011). Es conocido que la inanición induce la producción de ERO y los niveles aumentados de estas provoca la activación de la autofagia. Mediante el estudio de la autofagia inducida por inanición, por inhibición de la cadena transportadora de electrones mitocondrial (mETC, por sus siglas en inglés), y adición exógena de $H_2O_2$, se delimitó que el $O_2^-$ se forma selectivamente por inanición de glucosa. La inanición de aminoácidos y suero estimuló la producción de $O_2^-$ y $H_2O_2$ (Chen y Gibson, 2008). Sin embargo, la autofagia inducida por inhibidores de la mETC junto con el 2-metoxiestradiol (2-ME) (inhibidor de la superoxído-dismutasa, (SOD)) incrementó los niveles de $O_2^-$ y disminuyó los de $H_2O_2$. La adición exógena de $H_2O_2$ indujó autofagia aumentando los niveles intracelulares de $O_2^-$ pero no los de $H_2O_2$ (Chen et al., 2009). Por otro lado, en una línea celular de ratón se observó que la autofagia inducida por $H_2O_2$ involucra dos mecanismos, uno dependiente y otro independiente a Beclina-1 (ATG6) (Seo et al., 2011).

**g) Mecanismos reguladores de la autofagia activada por ERO**

Existen varias vías de señalización que regulan la autofagia en mamíferos, la clásica que involucra la inhibición de TOR (Fig. 5.3 Capt 5, Fronteras en la Bioquímica del Desarrollo de plantas, 2013). Adicionalmente, se han reportado moléculas que regulan la autofagia inducida por ERO de forma dependiente o independiente a la cinasa TOR (Fig. 4) (Gibson, 2013).

TOR también es un sensor de cambios energéticos a través de la cinasa AMPK que percibe las fluctuaciones de los niveles de ATP/AMP intracelular (Meijer y Codogno, 2006). Recientemente se demostró que la inanición induce la activación de AMPK y la autofagia, mientras que la activación de Akt/PKB (un componente de la vía TOR) la disminuye. Esta activación de AMPK es regulada por ERO, el bloqueo en la formación de ERO reduce la activación de AMPK y la autofagia inducida por inanición (Li et al., 2013). Han sido reportadas otras proteínas como reguladoras de la autofagia; por ejemplo LkB-1 induce la autofagia mediante la activación de AMPK y la inhibición de TOR (Criollo et al., 2010) (Fig. 4).

Por otro lado, se ha determinado que la sobre expresión de *ATG6* bajo estrés oxidativo, lo que sugiere que las ERO pueden estar involucradas en la expresión de genes relacionados con autofagia, de tal forma que la expresión de *ATG6* pueden servir como biomarcador de autofagia activa (Chen et al., 2008).

Otro componente importante de la regulación de la autofagia por ERO es la proteína nuclear asociada a la cromatina, caja 1 del grupo de alta movilidad (HMGB1, por sus siglas en inglés), molecula de señalización durante la inflamación y la diferenciación celular en mamíferos. Se ha mostrado que HMGB1 se une a ATG6 manteniendo la autofagia bajo condiciones de estrés oxidativo (Kang et al., 2010).

Las ERO pueden regular la autofagia a través del control de la actividad de la proteasa de cisteína ATG4 (Scherz-Shouval et al., 2007). Bajo inanición, existe un incremento en $H_2O_2$, el cual oxida a ATG4 específicamente en un residuo de cisteína localizado cerca del sitio activo. La inactivación de ATG4 por su oxidación promueve la lipidación de ATG8 y un incremento en la autofagia (Liu y Leonardo, 2007).

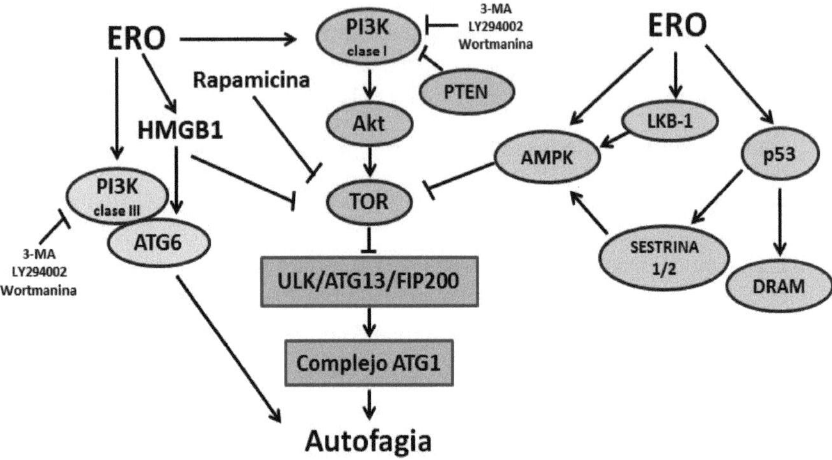


**Figura 4. Regulación de la autofagia por ERO.** Después de un estímulo externo que produce especies reactivas de oxígeno (ERO), TOR es inhibido mediante la inactivación de Akt o por la activación de LKB1/AMPK lo que conduce a la inducción de la autofagia. El complejo de la cinasa PI3K clase III incluye a ATG6 y es requerido para la generación de las estructuras autofagosomales. La activación de p53 por ERO incrementa la expresión de *SESTRINA1/2,* lo que estimula la autofagia. HMGB1 inhibe a TOR o induce la autofagia mediante la activación de ATG6. Las ERO también activan directamente a AMPK o indirectamente a través de LKB-1 conduciendo a la inhibición de TOR y a un incremento en la autofagia. La rapamicina induce la autofagia mediante la inhibición de TOR (modificada de Gibson, 2013).

## h) Regulación de la autofagia por ERO en plantas

Las ERO actúan como segundos mensajeros que transmiten las señales de estrés iniciales, permitiendo a las células reaccionar y adaptarse a las diferentes condiciones ambientales (Mittler et al., 2011). En plantas y algas, el cloroplasto es una de las principales fuentes de ERO. Los aniones superóxido ($O_2^{\bullet-}$) son generados como productos del transporte electrónico fotosintético y en seguida convertidos a peróxido de higrógeno ($H_2O_2$) en el interior del cloroplasto a través de reacciones químicas y enzimáticas. El singulete de oxígeno ($^1O_2$) y los radicales hidroxilo ($OH^-$) son también formados durante la fotosíntesis y pueden causar daño oxidativo. Además del cloroplasto, las ERO son producidas en las mitocondrias, peroxisomas y en la membrana plasmática por las NADPH oxidasas (Fig. 5) (Pérez-Pérez et al., 2012 a).

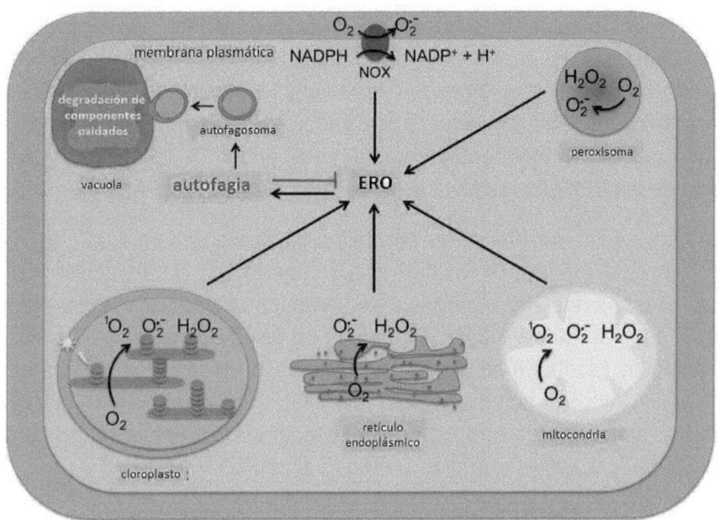


**Figura 5. Diferentes fuentes de ERO controlan la autofagia en plantas y algas.** Las ERO se generan por las enzimas NOX localizadas en la membrana plasmática y en diferentes organelos: los cloroplastos, la mitocondria, el peroxisoma y el retículo endoplásmico. El exceso de ERO induce la autofagia, la cual regula negativamente la producción de ERO y remueve componentes celulares dañados (modificado de Pérez-Pérez et al., 2012 b).

De los diferentes tipos de ERO generadas en el cloroplasto, el $H_2O_2$ es la molécula más estable y se difunde a través de la membrana, en contraste al $O_2^{\cdot-}$ y los radicales $OH^-$, los cuales no son liberados de cloroplastos funcionales. El singulete $^1O_2$, es generado principalmente en el centro de la reacción del fotosistema II (PSII), y a pesar de su tiempo de vida corto (alredor de 200 ns), puede participar en eventos de señalización por difusión hacia el exterior de la membrana del tilacoide (Fischer et al., 2007) o a través de segundos mensajeros, como la oxidación del β-ciclocitral (Ramel et al., 2012). De hecho, además de su efecto tóxico, el $^1O_2$ activa en plantas y algas, diferentes cascadas que conducen a muerte celular programada, mediante la regulación de la expresión de genes específicos (Gadjev et al., 2006). Entre los diferentes tipos de ERO, el $H_2O_2$ es el que cumple con todos los requerimientos para funcionar como segundo mensajero: su estabilidad, permeabilidad a la membrana, reactividad que provee especificidad para la oxidación de los grupos tioles y producción enzimática y degradación. Las características antes mencionadas, le proporcionan al $H_2O_2$ especificidad en tiempo y espacio donde se requiere una señalización (Forman et al., 2010). El $H_2O_2$ regula procesos como la división celular, la diferenciación, el crecimiento, la apoptosis, el desarrollo vegetal y la adaptación a estreses bióticos y abióticos (Foyer y Noctor, 2009). Estudios recientes en organismos fotosintéticos describen la activación de la autofagia en respuesta a varios estimulos que incrementan la generación de ERO, independientemente del origen y localización de la producción de las ERO en la célula (Pérez-Pérez et al., 2010, 2012 a).

Por otro lado, se ha observado en *Arabidopsis* que el tratamiento con $H_2O_2$ resulta en un severo estrés oxidativo que conduce a la inducción de la autofagia. Bajo estas condiciones, se produce oxidación de proteínas irreversible, como la carbonilación, formación de ácido sulfónico, o nitración de tirosina. Además, plantas mutantes en genes relacionados con autofagia como *atg2* y *atg5*, fueron hipersensibles al $H_2O_2$, y acumularon proteínas carboniladas, demostrando que este proceso degradativo es necesario para la adaptación celular a estrés oxidativo (Xiong et al., 2007).

La actividad de las NADPH oxidasas (NOX), ha sido implicada en la regulación de la autofagia en plantas. La inhibición de NOX con yoduro de difenileno (DPI, por sus siglas en inglés) reveló que la inducción de la autofagia por limitación nutricional o por estrés salino requiere de su activación. Por lo tanto, las ERO generadas por NOX parecen ser necesarias para la activación de la autofagia en respuestas a estrés nutricional y salino, enfatizando un posible papel de las ERO en el control de la autofagia en plantas. No obstante, en estrés osmótico, el cúal también dispara autofagia en plantas, no parece estar mediado por NOX. Este hallazgo indica que la autofagia está regulada diferencialmente bajo inanición, estrés salino y osmótico, mientras que la inducida por inanición y estrés salino es regulada por una vía dependiente a NOX que involucra ERO, la inducción de este proceso por estrés osmótico está regulada por una vía independiente a NOX (Liu et al., 2009).

La infección por patógenos es un potente inductor de la autofagia en células vegetales. Después de la infección, las ERO son generadas en la membrana plasmática por NOX, participando en la activación de la autofagia durante el estadio inicial de la infección (Liu et al., 2005).

El estrés en el retículo endoplasmíco (ER) por la acumulación de proteínas mal plegadas, también es una fuerte señal de estrés, que induce la autofagia y se ha establecido que la generación de ERO y el estrés en el retículo se encuentran asociados. En respuesta al estrés en el retículo, las células pueden iniciar un proceso autofágico para remover proteínas mal plegadas y moléculas dañinas como ERO, lo que contribuye a mejorar la supervivencia celular (Malhotra y Kaufman, 2007).

**i) Vía TOR-ATG1 en plantas**

Las vías de señalización de los complejos de ATG1/ATG13, TOR y SnRK1 (AMPK de plantas) se encuentran conservadas en *Arabidopsis.* Mientras, que se desconocen las señales río arriba de la función de ATG1/ATG13 a las proteínas TOR y SnRK1 se les ha otorgado un papel central en el sensado energético y nutricional de organismos fotosintéticos (Robaglia et al., 2012). La disminución en la función de TOR en *Arabidopsis* por reducción en los niveles del transcrito o por tratamiento con rapamicina en *Chlamydomonas* resultó en un aumento en la actividad autofágica similar a la observada en células en inanición de nutrientes (Liu y Bassham, 2010; Pérez-Pérez et al., 2010). El papel de TOR en el control de la autofagia en organismos fotosintéticos resalta un mecanismo conservado evolutivamente entre eucariontes. Sin embargo, en organismos fotosintéticos se desconoce si TOR puede percibir directamente las señales redox para regular la autofagia. No obstante, en base al papel de TOR en la regulación de de la autofagia, y las evidencias de un cruce de señales entre la vía redox y TOR en otros sistemas, se ha especulado que en algunas condiciones de estrés, las ERO inactivan a TOR, lo que activaría a ATG1, con la consecuente inducción de la autofagia en plantas y algas (Pérez-Pérez et al., 2012 b) (Fig. 6).

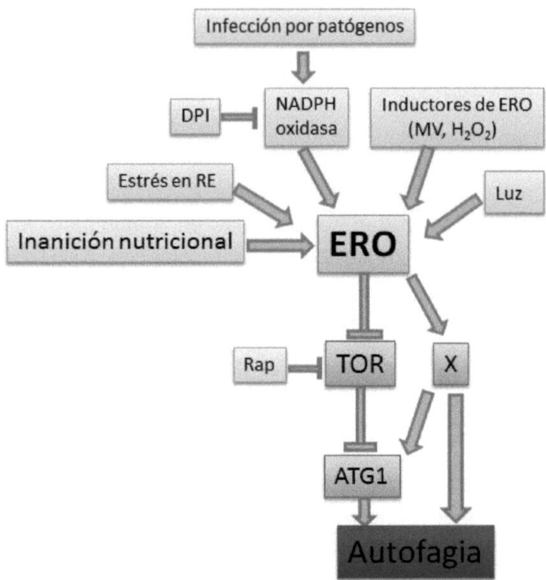


**Figura 6. Modelo propuesto de la regulación de la autofagia por ERO en plantas y algas.** Los niveles intracelulares de ERO son modulados por diferentes señales, que incluyen el estrés por luz alta, la limitación nutricional, el estrés en el retículo endoplásmico y la infección por patógenos. Las ERO en ultima instancia conducen a la activación de ATG1 y al aumento de la inducción de la autofagia ya sea mediante la inactivación de TOR o por un mecanismo independiente a TOR, mostrado con una X. Esta última vía desconocida, podría controlar la autofagia a través de la regulación de ATG1, como se ha reportado en células de mamífero para AMPK (SnRK1 en plantas), o por un mecanismo diferente como se describe para la proteasa ATG4. DPI, yoduro de difenileno; Rap, rapamicina; MV, metil viológeno (modificado de Pérez-Pérez et al., 2012 b).

## IV) Línea celular NT-1 como modelo de estudio

En 1985, se estableció la línea celular NT-1 a partir de la línea BY-2 de tabaco (*Nicotiana tabacum*) (An, 1985; Robledo-Paz, 2006). La línea celular NT-1 es genéticamente igual a la BY-2 (*Nicotiana tabacum*) es decir, es un híbrido interespecífico de dos especies de tabaco -*Nicotiana sylvestris* x *Nicotiana tomentosiformis*-. Las células de tabaco BY-2, así como las NT-1 presentan características únicas: crecimiento rápido y alta homogeneidad (Nagata, 2004). Los cultivos NT-1 son heterogéneos con una población de mayor número de agregados celulares que los BY-2, ambos están formados por células redondas y alargadas (Alvarez et al., 1994; Nagata y Kumagai, 1999). El medio para el crecimiento de las células NT-1, esta compuesto por sales Murashige y Skoog (MS) suplementado con 0.2 g/l $KH_2PO_4$ y una mezcla de vitaminas (5 mg/l de tiamina y 0.5g/l de mioinositol), además de 3% de sacarosa y 0.2 mg/l de 2,4-D (Nagata y Hasezawa, 1992). Los cultivos crecen a temperatura constante (25°C) y agitación continua (120 rpm), alcanzando la fase estacionaria a los 7-8 días, con una densidad de 15 x 106 células/ml o un volumen de paquete celular (VPC) del 40% (Alvarez et al., 1994). El VPC es un parámetro variable debido a que su evaluación se obtiene a partir de la interpolación en la graduación del tubo y del volumen de las células que a su vez depende de su contenido de agua y de los cambios en el tamaño celular durante el desarrollo del cultivo. Mientras que el peso seco es una variable que determina la biomasa total de un cultivo en suspensión, la cual está relacionada con la tasa de producción y consumo de nutrientes (Alvarez et al., 1994).

Las cinéticas de crecimiento de células vegetales en suspensión de las líneas celulares BY-2 y NT-1 presentan tres fases: lag o de adaptación al medio, log o de crecimiento exponencial y estacionaria en la que se presenta un agotamiento de nutrientes. En cada una de las diferentes fases de crecimiento se observan formas variadas de las células: células redondas formando racimos en la fase log y células alargadas de 3 a 5 veces más grandes en uno de sus ejes que forman cadenas en las fases lag y estacionaria; además una gran variedad de genes se expresan diferencialmente en cada una de las fases (Nagata et al., 2004). Para clasificar dichos genes se realizaron microarreglos a partir de cDNAs de las fases lag, log y estacionaria, encontrando durante la fase estacionaria proteínas cinasas transmembranales y factores de transcripción, además, receptores de tipo no cinasa, canales iónicos y transportadores, lo que sugiere que durante esta fase se activa el transporte de nutrientes (Matsuoka et al., 2004). Esto sugiere que en dicha fase, las células BY-2 presentan la capacidad de responder a señales extracelulares como la adición de fitohormonas y mitógenos como la insulina. Los cultivos en suspensión se han utilizado en una gran cantidad de disciplinas por su disponibilidad celular, la facilidad de manipulación y el bajo costo de mantenimiento. El cultivo de células vegetales es un sistema simple para el aislamiento y purificación de proteínas libres. Además la transformación mediada con *A. tumefaciens* se realiza rutinariamente en una gran cantidad de laboratorios, a partir de callos que darán origen a cultivos en suspensión transgénicos (van der Fits et al., 2000). Por otra parte, debido a la facilidad de los análisis microscópicos de las células de tabaco, estas se han convertido en sistemas útiles para la localización subcelular de proteínas a través del marcaje con la proteína verde fluorescente (GFP) (Boruc et al., 2010; Granger y Cyr, 2000; Kost et al., 1998).

Diversas investigaciones acerca del ciclo celular se realizan en cultivos en suspensión de tabaco porque su comportamiento comparable a la división continúa de los meristemos en plantas (Geelen e Inze, 2001; Nagata y Kumagai, 1999). No obstante, lo antes mencionado se ha cuestionado si los estudios relacionados con el metabolismo, pueden ser válidos en procesos que no impliquen división celular y ser comparables a lo que ocurre en plantas (Nagata y Kumagai, 1999). En los últimos años se han empleado los cultivos de células en suspensión como modelo de investigación para elucidar procesos específicos de plantas completas. Alteraciones similares fueron determinadas en la organización y elongación en células BY-2 y en embriones de *Arabidopsis* en líneas transgénicas con antisentido del receptor de auxina ABP1 (Chen et al., 2001). Se ha reportado que una mutación de tap 46 (subunidad reguladora de una fosfatasa A2) afectó el crecimiento en *Arabidopsis* y la formación de puentes de cromatina durante la anafase, al igual que en las células BY-2 (Ahn et al., 2011). Ganguly y colaboradores (2010), observaron una localización similar del transportador de eflujo PIN8 en la membrana plasmática en células BY-2 y en raíces de *Arabidopsis*. Lo antes mencionado muestra que los cultivos de células en suspensión representan una herramienta útil en la investigación del desarrollo vegetal.

Para el estudio de la autofagia, los cultivos celulares de tabaco han sido ampliamente utilizados debido a que en condiciones limitantes de nutrientes, como sacarosa y nitrógeno inducen la autofagia de forma marcada (Moriyasu y Oshumi, 1996; Guiboileau et al., 2012). Además, en estas células, se ha observado que fracciones del citoplasma son envueltas por estructuras de doble membrana (autofagosomas) y posteriormente degradadas en la vacuola central. Los autofagosomas presentan estructuras de gran tamaño, fácilmente visibles por varios tipos de microscopia desde la óptica, fluorescencia, confocal, hasta electrónica de transmisión (Takatsuka et al., 2004; Contento et al., 2005; Wang et al., 2013).

Las auxinas participan activamente en el crecimiento de cultivos celulares de tabaco regulando los procesos de división celular a concentraciones de alrededor de 1 µM, y cuando se eliminan del medio inducen la elongación celular y la acumulación de granulos de almidón (Sakai et al., 1999; Nagata et al., 2004). A la fecha, no existe información acerca del efecto que tiene retirar las auxinas sobre el proceso de autofagia. Por otro lado, en nuestro grupo de trabajo se ha determinado en cultivos de células de tabaco NT-1, que la insulina estimuló el crecimiento a través de la proliferación celular, además dado a que, en estos cultivos las auxinas regulan la proliferación celular, se evaluó, si la insulina era capaz de favorecer la división celular en carencia de auxinas, encontrando que para que la insulina tuviera efecto sobre el crecimiento se requería la presencia de las auxinas en el medio, sin embargo en estos cultivos sin auxinas y en presencia de insulina se observó la formación de estructuras similares a autofagosomas (Fierros-Romero, 2012).

## V) Justificación

Debido a que la autofagia es un proceso inducido para el mantenimiento de la homeostasis celular en condiciones de estrés y a observaciones que en cultivos celulares NT-1 en ausencia de auxinas y presencia de insulina se indujo la formación de estructuras similares a autofagosomas, es de nuestro interés determinar si dichas estructuras son autofagosomas y dilucidar el mecanismo que induce la autofagia en dichas condiciones.

## VI) Hipótesis

La insulina y la carencia de auxinas estimulan la autofagia en cultivos de células de tabaco NT-1.

## VII) Objetivos

a) Objetivo general

Analizar la participación de la insulina y la carencia de auxinas sobre la estimulación de la autofagia en cultivos de tabaco NT-1.

b) Objetivos específicos

1.- Determinar en cultivos NT-1 sin sacarosa, en presencia de insulina y carencia de auxinas la inducción de la autofagia.

2.- Analizar la producción de $H_2O_2$ en los cultivos con distintos tratamientos.

3.- Analizar la expresión de los genes relacionados con autofagia: *PI3K, ATG6, ATG2, ATG9, ATG5, ATG3* y *ATG8f* en los cultivos suplementados con insulina y en carencia de auxinas.

4.- Determinar el efecto de los inhibidores de las cinasas TOR y PI3K sobre el proceso de autofagia en cultivos suplementados con insulina.

## VIII) Estrategia experimental

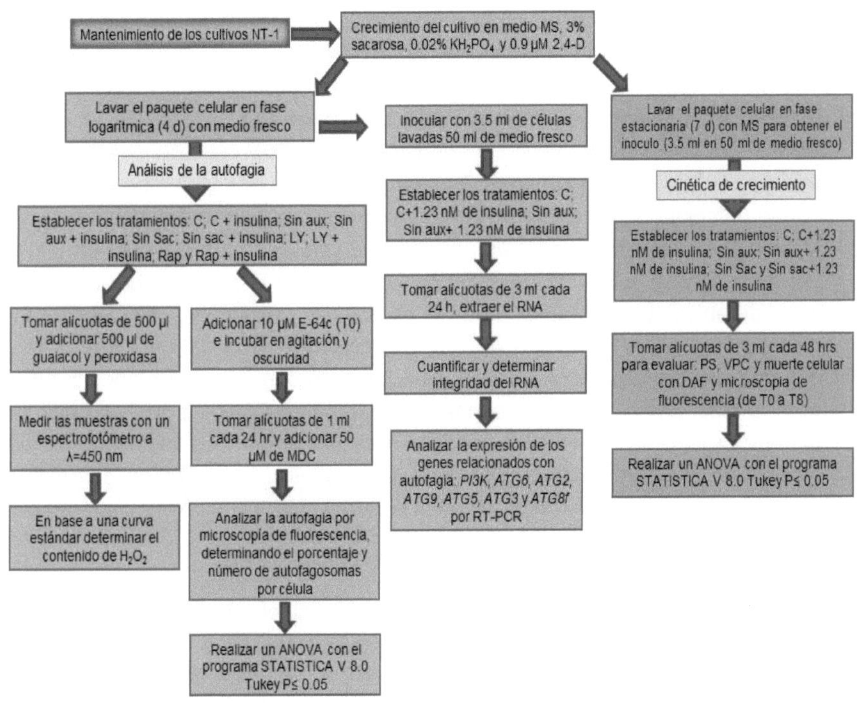

## IX) MATERIALES Y MÉTODOS

### a) Mantenimiento del cultivo celular NT-1

Los cultivos de células de tabaco en suspensión NT-1 se mantuvieron por subcultivos semanales los cuales se incubaron en oscuridad, con agitación a 150 rpm y 25ºC. Se inocularon 3.5 ml de células de un cultivo previo en fase estacionaria (día siete) a 50 ml de medio Murashige and Skoog (MS) 1X (4.3g/l de MS, 30 g/l de sacarosa, 0.2 g/l de KH2PO4, 0.9 µM de 2,4-D, 100 mg/l de mio-inositol y 1 mg/l de tiamina). En condiciones asépticas, se filtró el total del cultivo de células en suspensión en fase estacionaria y se lavó con 1l de medio MS 1X (sin vitaminas ni auxinas). El paquete celular se resuspendió en 50 ml de medio MS 1X y a partir de dicho cultivo se tomaron alícuotas para inocular los diferentes tratamientos. Las cinéticas de crecimiento se realizaron, inoculando a 50 ml de medio MS 1X (suplementado con 1.23 nM de insulina con auxinas; sin auxinas y sin auxinas + insulina) con 3.5 ml del inóculo antes mencionado. Los cultivos se incubaron y se tomaron alícuotas de 3 ml cada 48 hr. Adicionalmente, se preparó medio sin sacarosa para los experimentos de inanición de la fuente de carbón. El pH de todos los medios de cultivo fue ajustado a 5.8 con KOH 1 M antes de la esterilización.

### b) Determinación del volumen de paquete celular (VPC)

Las muestras de 3 ml tomadas durante las cinéticas de crecimiento se centrifugaron a 3500 rpm durante 5 minutos en una centrifuga Hermle Z400k con un rotor de columpio Hermle 221.08 V01. El volumen del paquete celular se determinó de acuerdo a la graduación del tubo (VPC en µl/3 ml).

### c) Determinación del peso seco

Las alícuotas del cultivo a las cuales se les determinó previamente el VPC, se filtraron al vacío a través de un papel filtro Whatman® a peso constante, se secaron en una estufa a 80º C por 24 h y se registró el peso. Se obtuvo el peso seco por la diferencia de pesos entre el papel y la muestra filtrada y se expresó en mg/3 ml (Dixon, 1985).

### d) Determinación de la muerte celular

La muerte de las células de tabaco NT-1 fue evaluada mediante tinción con una solución al 0.5% de DFA (Diacetato de fluoresceína) disuelta en acetona, y almacenada a -20º C. Se agregó 5 µl de la solución en una relación 1:10 y se incubaron 1 min (5 µl de solución: 45 µl de células). Las células viables se tiñeron de color verde por la reacción de las esterasas con los grupos acetato del DFA (Smith et al., 1982), mientras que las muertas permanecieron sin cambios en presencia del colorante. Lo anterior se observó en un microscopio de epifluorescencia Nikon® OPTIPHOT-2 modelo HD 10101AP, con lámpara de mercurio y filtros de luz UV para la proteína verde fluorescente (GFP) acoplado a una cámara fotográfica Nikon Coolpix S 10.

El porcentaje de muerte celular se determinó de la siguiente manera:

Muerte celular (%) = no. de células muertas / no. de células totales (100)

**e) Tratamientos de cultivos NT-1 en carencia de sacarosa y de auxinas**

La condición de inanición se indujó en células en suspensión de tabaco NT-1 de cuatro días de edad después de un subcultivo (5 ml) que corresponde a la fase logarítmica en una cinética de crecimiento. Las células fueron lavadas tres veces con medio suplementado con sacarosa o auxinas para las muestras control o con medio carente de sacarosa y auxinas para los tratamientos en inanición. Después del tercer lavado, las células fueron inoculadas en el medio apropiado y se dejaron crecer por 72 hr en las condiciones descritas anteriormente, analizando el porcentaje de células en autofagia y la actividad autofágica relativa cada 24 hr, tomando el día del lavado como t=0.

**f) Tinción con MDC**

La tinción se realizó de acuerdo al protocolo establecido por Contento y colaboradores (2005). 1 ml de células de tabaco de los distintos tratamientos, fueron teñidas con monodansyl cadaverina (MDC, Sigma-Aldrich) a una concentración final de 50 µM, posteriormente se incubaron por 10 min en frío y oscuridad, seguido de dos lavados con un buffer de fosfatos salinos (PBS 1X) para remover el exceso del colorante. Las observaciones de las células, se realizarón en un microscopio de epifluorescencia Nikon® OPTIPHOT-2 modelo HD 10101AP, con lámpara de mercurio y filtros de luz UV para detectar longitudes de onda entre los 490 y 580 nm acoplado a una cámara fotográfica Nikon Coolpix S 10.

**g) Determinación del porcentaje de células en autofagia**

Inmediatamente después del lavado del paquete celular, se tomaron muestras de 5 ml que se crecieron en tubos falcón de 50 ml. A partir de ese momento se tomaron alícuotas de 1 ml a las que se adicionaron 2 µl del inhibidor de proteasa de cisteína, E-64c (Invitrogen), a una concentración de 5 mM. Posteriormente, se procedió a la tinción con MDC. En las muestras, la concentración final para E-64c fue 10 µM y de MDC 50 µM. A los 4 ml restantes se adicionó 8 µl de E-64c y se almacenaron en las condiciones de crecimiento descritas anteriormente. Posterior a esto, se hicieron observaciones al microscopio de epfifluorescencia, determinando el porcentaje de células en autofagia como el número de células teñidas entre el total de células analizadas por 100.

**h) Determinación de la actividad autofágica relativa**

De las células teñidas con MDC se tomaron fotografías en luz UV y visible, posteriormente se procedió a contar el número de autofagomas en al menos 20 células y se obtuvó un promedio para determinar el número de autofagosomas por célula. Estos últimos datos correpondieron a la actividad autofágica relativa normalizada respecto al control. El valor del control fue igual a 1 y sobre este valor, se calculó el número de veces que es mayor o menor el número de autofagosomas.

**i) Cuantificación del peróxido de hidrógeno**

La cuantificación se realizó de acuerdo a la reacción de guaiacol-peroxidasa reportado por Thordal-Christensen y colaboradores, 1997; la cual consiste en hacer reaccionar a la peroxidasa con el guaiacol en presencia de $H_2O_2$. El producto de la reacción forma el tetra-guaiacol, compuesto que se cuantifica midiendo la absorbancia a 450 nm en un espectrofótometro.

**j) Extracción del RNA**

Se molieron 500 mg de células NT-1 con nitrógeno líquido, el polvo se transfirió a un tubo estéril y se agregó 1ml de Trizol (Invitrogen). Se homogenizó e incubó por 5 min a temperatura ambiente. Se agregaron 0.2 ml de cloroformo, se agitó vigorosamente por 15 s y se incubó a temperatura ambiente por 3 min. Se centrifugó a 12000 rpm por 15 min a 4° C. El sobrenadante se transfirió a un tubo Eppendorf estéril y se agregó 0.5 ml de isopropanol, se mezcló e incubó a temperatura ambiente por 10 min y se centrifugó a 12000 rpm por 10 min a 4° C. Se eliminó el sobrenadante, se lavó la pastilla con 1 ml de etanol al 70% y se centrifugó a 7500 rpm por 5 min. El sobrenadante fue eliminado y la pastilla se dejó secar en campana de flujo laminar por 15 min, la cual se resuspendió en 50 µl de agua grado biología molecular a 60° C por 10 min. Se agregaron 0.5 µl de inhibidor de RNasa y se almacenó a -20° C. La integridad del RNA se determinó en un gel de agarosa al 1% con 1 µl de gelred Biotium® 10000 X, tomando 1 µl de la muestra que se mezcló con 4 µl de buffer de carga. La electroforesis se realizó con TAE 1X (2.42 g Tris base, 0.571 ml ácido acético glacial en 300 ml de agua tridestilada a pH 8.5, 0.372 g de EDTA $2H_2O$ aforado a 500 ml) a 90 volts. Después de la corrida, el gel se observó en un transiluminador con luz UV. La cuantificación del RNA se realizó mezclando 1 µl de muestra con 999 µl de agua tridestilada, y la absorbancia (Abs) de la muestra se leyó a una longitud de onda de 260 nm, usando como blanco agua tridestilada. Para determinar la concentración se utilizó la siguiente fórmula: µg RNA/ml = (Abs 260 nm) (40) (1/1000).

**k) Reacciones de RT-PCR**

Se utilizó el Kit SuperScript III™ One-Step RT-PCR System with Platinum® *taq* DNA polymerase, en base a las especificaciones establecidas por la casa comercial Invitrogen™. Las reacciones fueron llevadas a un volumen total de 12.5 µl adicionando los siguientes componentes en un tubo Eppendorf estéril de 0.2 ml para PCR: 6.25 µl de buffer de reacción 2X, 0.5 µl del RNA (640 ng/µl), 0.5 µl de oligonucleótidos sentido, 0.5 µl del antisentido a una concentración de 10 pM, 0.25 µl de SuperScript III™ RT/Platinum® *taq* Mix, 4.5 µl de agua, para llevar a un volumen total de 12.5 µl. Los tubos se colocaron en un termociclador Perkin Elmer Gene Amp PCR System 2400 con las condiciones de amplificación optimizadas para la amplificación de cada gen.

**l) Condiciones de amplificación**

Las condiciones de amplificación para todos los genes relacionados con autofagia (*ATGs*) fueron las mismas y se describen a continuación: 30 min a 55° C, 94° C por 5min y 30 ciclos de 20 seg a 94° C, 30 seg a 60° C y 30 seg a 68° C. Mientras que para *ACTINA* que se utilizó como control de carga se emplearon las siguientes condiciones: 30 min a 50° C, 5 min a 94° C y 30 ciclos de 15 seg a 94° C, 1 min a 55° C y 45 seg a 68° C.

Todos los oligonucleótidos fueron específicos de las secuencias de tabaco, para la amplificación de los cDNAs de *PI3K, ATG6* y *ATG8f* fueron reportados por Wang y colaboradores (2013), para la *ACTINA* se emplearon los reportados por Peña-Correa (2010) y para *ATG2, ATG3, ATG5, ATG7* y *ATG9* se diseñaron en base a los cDNA reportados en el NCBI. En la siguiente tabla se enlistan las secuencias de los oligonucleótidos utilizados en el presente estudio:

| Gen | Organismo | Acceso NCBI | Oligo Fw | Oligo Rv | Tamaño de amplificación |
|---|---|---|---|---|---|
| *PI3K* | *N. tabacum* | AY701317 | 5´-TTAGCAACTGGGCACGATGA-3´ | 5´-CGGTGGAAAGGGCTTAGGAT-3´ | 309 pb |
| *ATG2* | *N. tabacum* | JX175262 | 5´-ACTGACACTCTCTGGAATGC-3´ | 5´-GAAGATGAACCGGCCAGATA-3´ | 476 pb |
| *ATG3* | *N. benthamiana* | AY701318 | 5´-TGGGAGAGTACGAGGAAACT-3´ | 5´-GGATCAAAGTCCATGGTGTAGT-3´ | 454 pb |
| *ATG5* | *N. benthamiana* | JX175258 | 5´-ATGAATATGTCCCAACCTGACC-3´ | 5´-TCAACATCTCTCCACTTTGTCC-3´ | 496 pb |
| *ATG6* | *N. benthamiana* | AY701316 | 5´-CCTTCTTCTTCATACAATGGCTCA-3´ | 5´-AGACGGTTGCAGAAAGTGGC-3´ | 425 pb |
| *ATG7* | *N. benthamiana* | AY701319 | 5´-TCCTCTACGCCAGTCTCTTTAT-3´ | 5´-CCCAATCTCTGTGACCCATTT-3´ | 456 pb |
| *ATG8f* | *N. tabacum* | JX175260 | 5´-ATGGCAAAGAGTTCATTCAAGCAAG-3´ | 5´-TTACACCAAGTTGAGGTCGCCAAAT-3´ | 369 pb |
| *ATG9* | *N. benthamiana* | JX175259 | 5´-CGCTAGTGGCCTTAACATATTC-3´ | 5´-GAGTCCATTCCATCCAACATAC-3´ | 334 pb |
| *ACTINA* | *N. tabacum* | X63603 | 5´-CCTCTTAACCCGAAGGCTAA-3´ | 5´-GAAGGTTGGAAAAGGACTTC-3´ | 469 pb |

## m) Análisis de datos

Se utilizó el programa STATISTICA ver 8.0 para analizar los resultados de los experimentos presentados mediante un análisis de varianza ANOVA de una vía tomando en cuenta el error estándar y realizando una prueba de Tukey. Los asteriscos indican diferencia estadística de los tratamientos con respecto al control ($P \leq 0.05$).

## X) RESULTADOS

### a) Crecimiento de los cultivos NT-1 en presencia de insulina y carencia de sacarosa

En el presente estudio, se evaluó el efecto de la insulina sobre el crecimiento de cultivos de células de tabaco NT-1 en condiciones de inanición de sacarosa, debido a que previamente ha sido reportado que la adición de insulina favorece el crecimiento de dichos cultivos en presencia de la fuente de carbón (Fierro-Romero, 2012). Además, ha sido reportado que retirar la sacarosa disminuye el crecimiento y aumenta la degradación de proteínas (Rose, et al., 2006), por lo que era de nuestro interés determinar si la insulina podía estimular el crecimiento en condiciones de inanición. En la figura 7A y 7B, se puede observar que la insulina estimula el crecimiento, en tanto que la carencia de sacarosa lo inhibió.

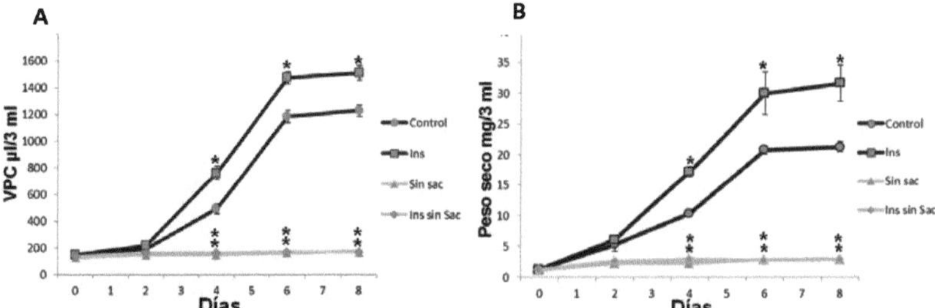


**Figura 7. Efecto de la insulina sobre el crecimiento de los cultivos celulares de tabaco NT-1 en carencia de sacarosa.** A) Volumen de paquete celular en cultivos suplementados con 1.23 nM insulina y sin sacarosa y B) peso seco en cultivos sin sacarosa y suplementados con 1.23 nM de insulina. ANOVA Tukey P≤ 0.05 * diferencia significativa respecto al control; n=4 STATISTICA ver. 8.0.

### b) Autofagia en cultivos de células NT-1 en presencia de insulina y carencia de sacarosa

En células vegetales, la vacuola es el principal sitio para la degradación de macromoléculas, bajo condiciones normales de crecimiento y durante la exposición a estreses bióticos y abióticos.

Debido a que en la literatura ha sido ampliamente reportado que retirar la fuente de carbono del medio de cultivo induce la autofagia. (Takatsuka, et al., 2004; Contento et al., 2005), en el presente estudio para establecer los parámetros de evaluación de dicho proceso, realizamos experimentos en cultivos de células de tabaco NT-1 en carencia de sacarosa y presencia de insulina. En la figura 8A podemos observar que la ausencia de sacarosa induce a un máximo la autofagia a las 48 h. Mientras que la actividad autofágica relativa (Fig. 8B) aumentó a las 48 h manteniéndose hasta las 72 h, lo que indica que la inanición de sacarosa produce una autofagia fuertemente activada. Dicho efecto ha sido reportado para cultivos celulares de tabaco y de *Arabidopsis* donde se observó que inanición nutricional indujo la autofagia por una degradación de proteínas intracelulares (Takatsuka et al., 2004; Rose et al., 2006). Inesperadamente en el tratamiento control, la insulina favoreció la autofagia (Fig. 8A y 8B), hecho contrario a lo reportado en mamíferos donde la hormona al activar la vía TOR, inhibe la autofagia (Klionsky, 2005). Para explicar este efecto y debido a que en *Arabidopsis,* y en *Chlamydomonas reinhardtii,* se ha observado que la producción de especies reactivas de oxigeno induce la autofagia al inhibir la cinasa TOR o de manera independiente de esta última, por la activación directa de componentes río abajo a TOR, como el complejo de cinasas ATG1/ATG13 o ATG4, sugerimos que esta inducción por insulina podría deberse a un aumento en la producción de ERO. Se ha propuesto que ATG4 puede integrar las señales redox controlando de esta forma la autofagia (Xiong et al., 2007; Pérez-Pérez et al., 2012a).

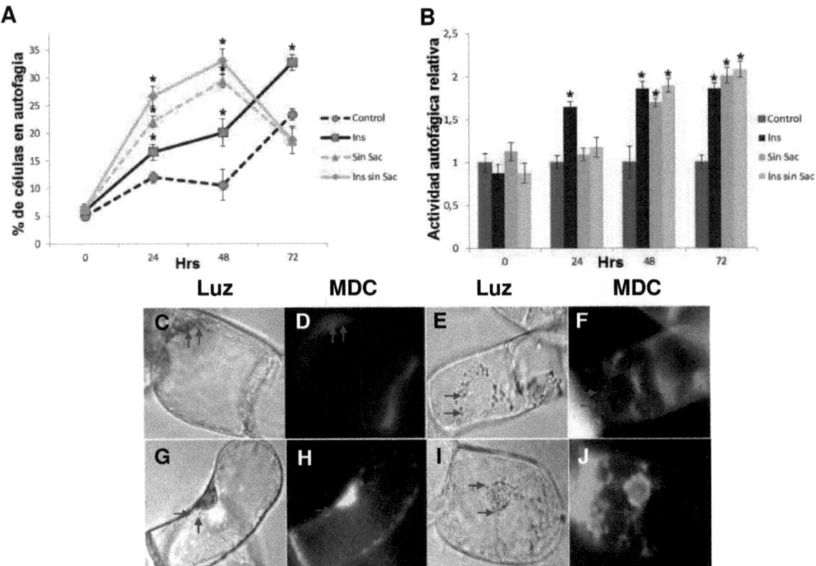


**Figura 8. Autofagia en cultivos celulares de tabaco NT-1 suplementados con insulina y carencia de sacarosa**. A) Porcentaje de células en autofagia en cultivos sin sacarosa y suplementados con 1.23 nM de insulina; B) actividad autofágica relativa normalizada al control. Cuantificación de los autofagosomas de 20 células teñidas con MDC en los distintos tratamientos probados; C-J) fotos representativas de los diferentes tratamientos a las 48 h. c) Control campo claro; d) Control luz UV; e) Insulina campo claro; f) Insulina luz UV; g) Sin sacarosa campo claro; h) Sin sacarosa luz UV; i) Sin sacarosa + insulina campo claro; j) Sin sacarosa + insulina luz UV. Las flechas indican la presencia de autofagosomas. ANOVA Tukey P≤ 0.05 * diferencia significativa respecto al control; n=4 STATISTICA ver. 8.0.

## c) Muerte celular de los cultivos de células NT-1 en presencia de insulina y carencia de sacarosa

Debido a los resultados obtenidos sobre el crecimiento en los tratamientos sin sacarosa, se evaluó la muerte celular para determinar si dicha condición podría haber afectado el crecimiento por una disminución en la viabilidad celular. En la figura 9, podemos observar que en los tratamientos sin sacarosa, la insulina no presento ningún efecto sobre la muerte celular. Sin embargo, el retirar la sacarosa del medio, ocasionó un aumento en la muerte celular de un 25% respecto al control.

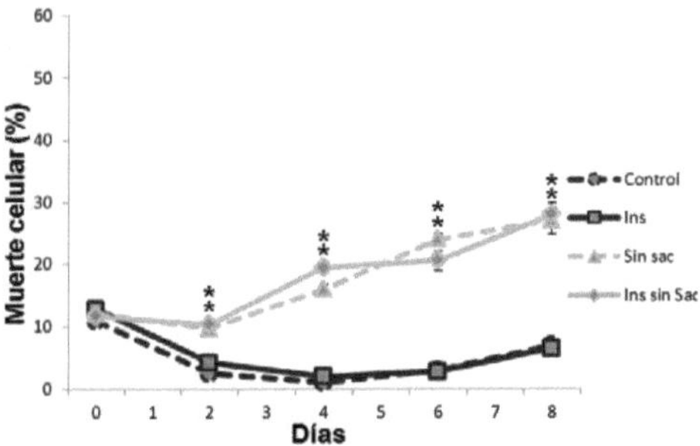


**Figura 9. Muerte celular de los cultivos celulares de tabaco NT-1 suplementados con insulina y carencia de sacarosa.** ANOVA Tukey P≤ 0.05 * diferencia significativa respecto al control; n=4 STATISTICA ver. 8.0.

## d) Crecimiento de los cultivos NT-1 en presencia insulina y carencia de auxinas

Como ha sido previamente reportado la insulina favorece el crecimiento de cultivos celulares de tabaco NT-1 estimulando la división celular (Fierros-Romero, 2012). En cultivos en suspensión de tabaco ha sido determinado que las auxinas a concentraciones menores a 1 µM promueven la elongación celular, mientras que a concentraciones mayores a 1 µM activan la división celular (Nagata et al., 2004); en el presente estudio, se evaluó si la insulina podía sustituir el efecto de las auxinas sobre el crecimiento de cultivos de células de tabaco NT-1. En la figura 10A y 10B, se puede observar en los cultivos sin auxinas una disminución en el crecimiento respecto al control, el cual no fue re-establecido por la insulina. Sin embargo, en estudios previos (Fierros-Romero, 2012) y por análisis de las células al microscopio en los tratamientos sin auxinas o sin auxinas y suplementados con insulina, se observó la formación de estructuras similares a autofagosomas, por lo que en los siguientes experimentos procedimos a evaluar si estas condiciones podrían inducir la autofagia.

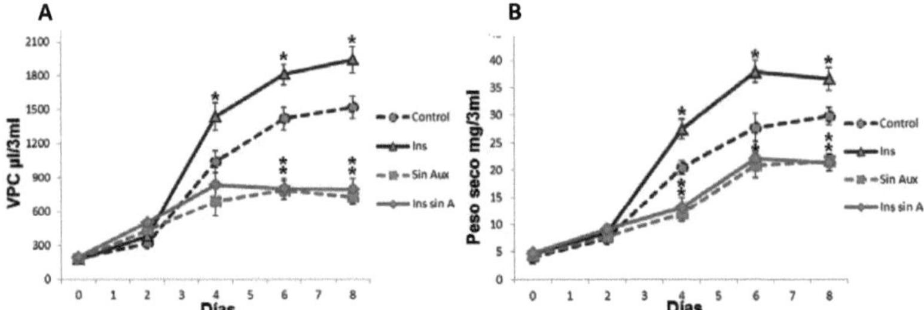


**Figura 10. Efecto de la insulina sobre el crecimiento de los cultivos celulares de tabaco NT-1 en carencia de auxinas.** A) VPC en cultivos sin auxinas; B) peso seco en cultivos en carencia de auxinas. ANOVA Tukey P≤ 0.05 * diferencia significativa respecto al control; n=4 STATISTICA ver. 8.0.

## e) Autofagia en cultivos de células NT-1 en presencia de insulina y carencia de auxinas

Posteriormente se analizó el proceso de autofagia en condiciones limitantes de auxinas, debido a que en estudios preliminares se observó que en los cultivos sin auxinas y en presencia de insulina se estimuló la formación de estructuras similares a autofagosomas (Fierros-Romero, 2012). En la figura 11A, en cultivos sin auxinas y suplementados con insulina observamos que el porcentaje de células en autofagia aumentó conforme transcurre el tiempo, mientras que la actividad autofágica relativa (Fig. 11B) se incrementó alcanzando a un máximo a las 24 h, donde se mantuvo hasta las 72 h (fotos representativas Fig. 11G-J). Los resultados antes mencionados podrían sugerir que la carencia de auxinas induce la autofagia posiblemente a través de la producción de ERO esto por el cambio de coloración observado en las células de crema a café. Respecto a la actividad autofágica relativa, se ha reportado que dicho parámetro llega a un punto máximo antes de la muerte celular. Además, en tabaco y *Arabidopsis* existen reportes en que la muerte celular programada (PCD) por una respuesta hipersensible (HR) altera los flujos iónicos, la producción ERO y de óxido nítrico para activar respuestas de defensa ante un estrés (McDowell y Dangl, 2000; Liu et al., 2005). Cabe mencionar que la insulina en estos cultivos sin auxinas no mostró efecto aditivo sobre la autofagia.

En base a lo observado anteriormente, acerca de la inducción de la autofagia al adicionar insulina y al retirar las auxinas, nuestra hipótesis es que la producción de ERO podría ser la causa de la inducción de la autofagia, la cual probaremos en los experimentos posteriores.

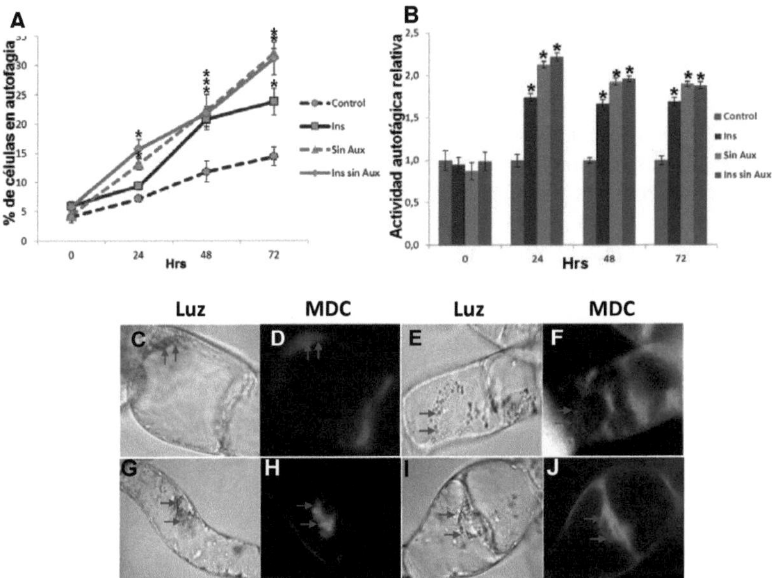


**Figura 11. Autofagia en cultivos celulares de tabaco NT-1 suplementados con insulina y carencia de auxinas.** A) Porcentaje de células en autofagia en cultivos sin auxinas y suplementados con 1.23 nM de insulina; B) actividad autofágica relativa normalizada al control. Cuantificación de los autofagosomas teñidos con MDC en los tratamientos probados a un mismo tiempo alrededor de 20 células fueron tomadas por cada tratamiento para contabilizar los autofagosomas; C-J) fotos representativas para cada tratamiento a las 48 h. c) Control campo claro; d) Control luz UV; e) Insulina campo claro; f) Insulina luz UV; g) Sin auxinas campo claro; h) Sin auxinas luz UV; i) Sin auxinas + insulina campo claro; j) Sin auxinas + insulina luz UV. Las flechas indican la presencia de autofagosomas. ANOVA Tukey $P \leq 0.05$ * diferencia significativa respecto al control; n=4 STATISTICA ver. 8.0.

## f) Producción de $H_2O_2$ en cultivos NT-1 en presencia de insulina y carencia de auxinas

Para determinar si la insulina o la ausencia de las auxinas favorecen la autofagia por un incremento en la producción de ERO, se cuantifico la producción intracelular de $H_2O_2$ mediante la reacción de guaiacol-peroxidasa, en donde la enzima reacciona con el guaiacol en presencia de $H_2O_2$ formando un compuesto que puede ser medido en un espectrofotómetro a una longitud de onda de 450 nm. (Thordal-Christensen et al., 1997). Los resultados obtenidos indican que la insulina estimulo la producción de $H_2O_2$ de forma significativa a partir de las 48 hasta las 72 h respecto al control (autofagia basal) (Fig. 12). Los resultados anteriores correlacionan con la inducción de la autofagia, en donde al inicio se presentó una autofagia basal que se incrementó gradualmente desde las 48 hasta las 72 h, sugiriendo que la insulina activaría la autofagia a través de la producción de ERO, las cuales a su vez inhibirían a la cinasa TOR, o por un mecanismo independiente de TOR, activarían a ATG1 o a la proteína ATG4, la cual en otros eucariontes se ha propuesto como integradora de las señales redox (Pérez-Pérez et al., 2012a).

Por otra parte, la carencia de auxinas en el medio estimuló los niveles de $H_2O_2$ desde las 24 hasta las 72 h respecto al control (Fig. 12). La insulina en los cultivos sin auxinas mostró un aumento en el $H_2O_2$ similar al tratamiento donde solo se eliminan las auxinas, no observándose ningún efecto aditivo por la adición de insulina (Fig. 12). Estos resultados sugieren que tanto la adición de insulina en el medio de cultivo así como la inanición de auxinas favorecen la autofagia a través de la producción de $H_2O_2$.

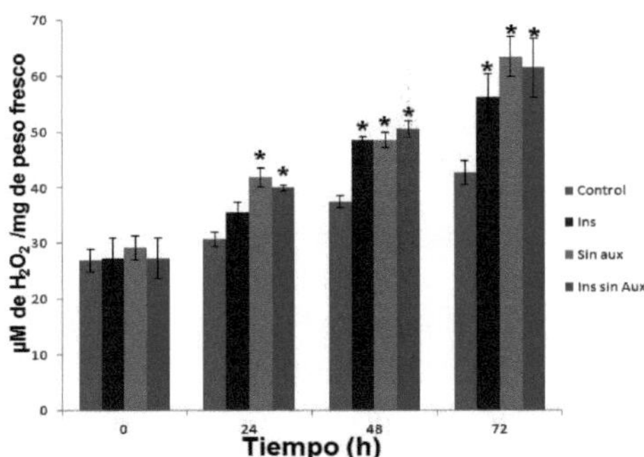


**Figura 12. Producción de $H_2O_2$ en cultivos celulares de tabaco NT-1 suplementados con insulina y carencia de auxinas.** µM de $H_2O_2$ por mg de peso fresco en células molidas de cultivos tratados con 1.23 nM de insulina y en carencia de auxinas. ANOVA Tukey $P \leq 0.05$ * diferencia significativa respecto al control; n=4 STATISTICA ver. 8.0.

## g) Muerte celular de cultivos NT-1 en presencia de insulina y carencia de auxinas

Debido a los resultados obtenidos sobre el crecimiento en los tratamientos sin auxinas, se evaluó la muerte celular para determinar si el retirar las auxinas podría afectar el crecimiento debido a un aumento en la muerte celular. En la figura 13, podemos observar que en los tratamientos sin auxinas, la insulina no aumentó ni disminuyó la muerte celular. Sin embargo, el retirar las auxinas del medio, ocasionó un aumento en la muerte celular de un 45% respecto al control. Ha sido reportado que retirar las auxinas impide la progresión del ciclo celular en la fase G1 lo que disminuye el crecimiento y aumenta la muerte debido al impedimento en la división causada por dicha condición (Mlejnek y Prochazka, 2002; Petrasek et al., 2002).

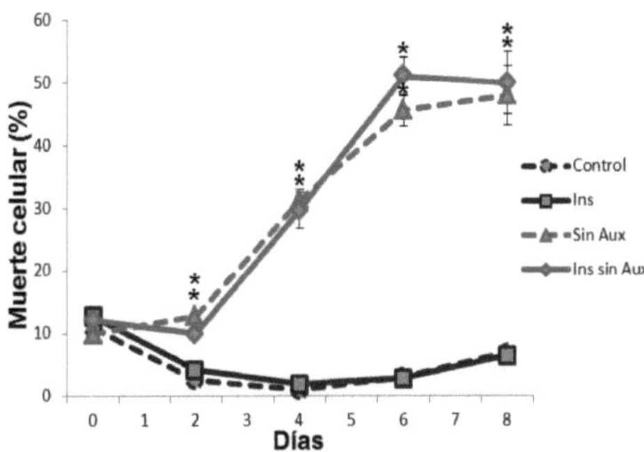


**Figura 13. Muerte celular en cultivos celulares de tabaco NT-1 suplementados con insulina y carencia de auxinas.** ANOVA Tukey P≤ 0.05 * diferencia significativa respecto al control; n=4 STATISTICA ver. 8.0.

## h) Expresión de los genes de autofagia *PI3K* y *ATG6* en cultivos NT-1 en presencia de insulina y carencia de auxinas

En un estudio realizado por Rose y colaboradores (2006), se determinaron los niveles de expresión de los genes: *ATG3, ATG4a, ATG4b, ATG7, ATG8a, ATG8b, ATG8c, ATG8d, ATG8e, ATG8f, ATG8g, ATG8h* y *ATG8i* en cultivos celulares de *Arabidopsis* en una cinética de 120 h en inanición de sacarosa, encontrando que los genes se expresan entre las 20 y 40 h de inanición, con excepción de *ATG8b-f.* Recientemente, en tabaco ha sido reportado que existe una mayor expresión de los genes: *PI3K, ATG6, ATG7, ATG8f* y *ATG9* a tiempos tempranos durante la degradación de almidón en la noche, proceso que involucra a la autofagia (Wang et al., 2013). Por lo antes mencionado, en el presente estudio se decidió analizar si la expresión de algunos genes *ATG* en presencia de insulina y en carencia de auxinas corroborando la inducción de la autofagia.

La expresión de los genes *PI3K* y *ATG6* que forman un complejo esencial para la nucleación de los autofagosomas (Xie y Klionsky, 2007; Mizushima et al., 2011; Wang et al., 2013). Los resultados obtenidos muestran que *PI3K* (Fig. 14A), se expresa fuertemente a las 48 h en todos los tratamientos respecto al control, siendo mayor la expresión en los cultivos que carecen de auxinas. Mientras que para *ATG6* (Fig. 14B), el aumento en los niveles de expresión comienza a partir de las 24 h para los tratamientos sin auxinas aumentando fuertemente a las 48 h y de forma más discreta en los cultivos suplementados con insulina. En conjunto esta expresión correlaciona con lo observado anteriormente con la tinción con MDC, donde la carencia de auxinas indujo de forma más marcada y a partir de las 24 h la autofagia en comparación con la suplementación de insulina (determinado por porcentaje de células en autofagia), indicando que el complejo PI3K se activa en ambas condiciones.

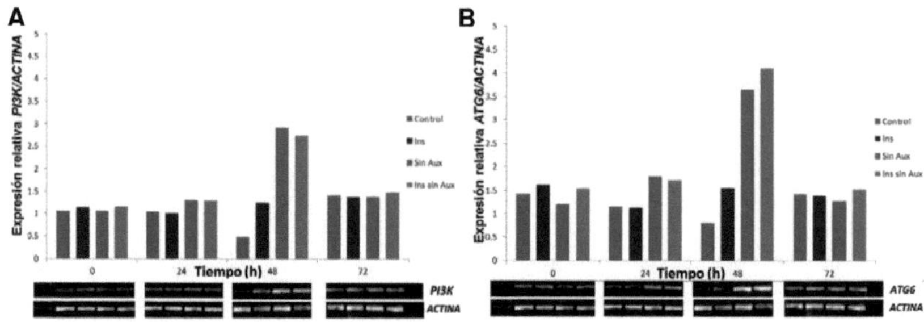


**Figura 14. Efecto de la insulina y la carencia de auxinas sobre la expresión de *PI3K* y de *ATG6*.** Los cultivos NT-1 fueron lavados después de 4 días de crecimiento y las células fueron inoculadas en cada uno de los tratamientos: Control; Insulina 1.23 nM; Sin Auxinas y Sin Auxinas adicionados con 1.23 nM de insulina. Se tomó como 0 hr el día del lavado, posteriormente cada 24 hr se tomaron muestras hasta las 72 hr, de la cuales se extrajo el RNA y se realizó un análisis de RT-PCR semi cuantitativo de los genes: A) *PI3K* (309 pb) y B) *ATG6* (425 pb). Las fotografías mostradas representan los productos de amplificación de cada gen (bandas superiores) en gel de agarosa al 1%, *ACTINA* fue utilizada como control de carga (bandas inferiores de 469 pb).

### i) Expresión de los genes de autofagia *ATG2* y *ATG9* en cultivos NT-1 en presencia de insulina y carencia de auxinas

Posteriormente en el proceso de autofagia, participa el complejo transmembranal ATG9/ATG2/ATG18, en donde ATG9 es una proteína integral de membrana y se piensa que es un acarreador de membrana durante el ensamblaje del autofagosoma y se sabe, que ATG9 localiza en la estructura pre-autofagosomal (PAS), lo que es esencial para la formación del autofagosoma (Noda et al., 2000). Por otro lado, ATG2 y ATG18 son dos proteínas de membrana que interactúan en la periferia con ATG9, su localización en la PAS depende una de la otra, y la interacción entre estas tres proteínas permite la liberación de ATG9 para otra parte de la membrana, la ausencia de alguna de éstas resulta en la acumulación de ATG9 en la PAS (Reggiori et al., 2004; Suzuki et al., 2007).

Estudios en *Arabidopsis*, indican que la expresión de *ATG9* y de *ATG18a* es necesaria para la inducción de la autofagia, además dicha expresión fue sobre regulada en una línea de baja expresión de *TOR* lo que indica que existe una autofagia activada de forma constitutiva (Liu y Bassham, 2010), por otro lado, en *Nicotiana benthamiana* el gen *ATG9* se expresa en la noche durante la degradación de almidón lo que sugiere la participación de la autofagia para dicho proceso degratativo (Wang et al., 2013), por lo que decidimos analizar si la insulina y carencia de auxinas se modificaba la expresión de los genes *ATG2* y *ATG9*, integrantes del complejo transmembranal ATG9/ATG18. Se puede observar tanto para *ATG2* (Fig. 15A) como para *ATG9* (Fig. 15B) un aumento en la expresión a las 48 h siendo más marcado en cultivos en carencia de auxinas, que con insulina. Tales resultados sugieren que el complejo transmembranal se activa al retirar auxinas y en presencia de insulina. Interesantemente, la expresión de *ATG9* disminuyó a las 72 hr en el tratamiento con insulina lo que sugiere que la insulina podría estar deteniendo la formación de autofagosomas, debido a que *ATG9* proporciona las membranas que darán lugar a los autofagosomas.

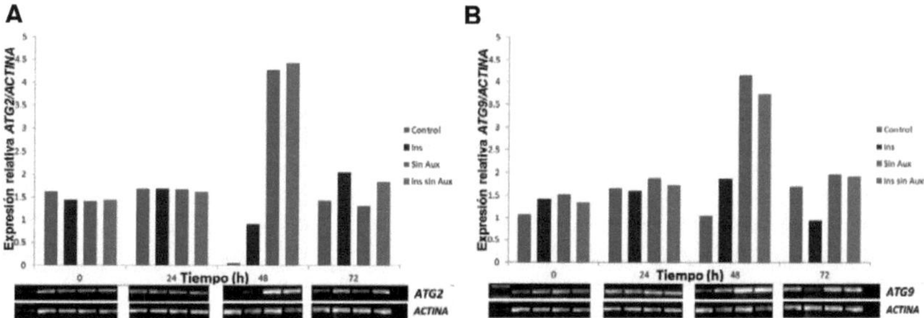


**Figura 15. Efecto de la insulina y la carencia de auxinas sobre la expresión de *ATG2* y *ATG9*.** Los cultivos NT-1 fueron lavados después de 4 días de crecimiento y las células fueron inculadas en cada uno de los tratamientos: Control; Insulina 1.23 nM; Sin Auxinas y Sin Auxinas adicionados con 1.23 nM de insulina. Se tomó como 0 hr el día del lavado, posteriormente cada 24 hr se tomaron muestras hasta las 72 hr, de la cuales se extrajo RNA y se realizó un anális de RT-PCR semi cuantitativo de los genes: A) *ATG2* (476 pb) y B) *ATG9* (334 pb). Las fotografías mostradas representan los productos de amplificación de cada gen (bandas superiores) en gel de agarosa al 1%, *ACTINA* fue utilizada como control de carga (bandas inferiores de 469 pb).

### j) Expresión del gen de autofagia *ATG5* en cultivos NT-1 en presencia de insulina y carencia de auxinas

Además de los genes antes mencionados se determinó la expresión de *ATG5* (Fig. 16), debido a que esta proteína participa en uno de los sistemas de conjugación tipo ubiquitina en donde mediante reacciones enzimáticas se lleva a cabo la conjugación de ATG12 con ATG5. El proceso comienza con la activación por ATG7 (primera enzima) que hidroliza ATP y así activa a ATG12 formando un puente tioester entre la glicina dek C-terminal de ATG12 y el sitio activo de cisteína de ATG7. Subsecuentemente, ATG12 activado es transferido al sitio activo de cisteína de ATG10 (segunda enzima), la cual cataliza la conjugación de ATG12 a ATG5 a través de la formación de un enlace isopeptídico entre la glicina activa de ATG12 y un residuo interno de lisina de ATG5. Finalmente ATG12-ATG5 es ensamblado con ATG16 y con esto se favorece la expansión del autofagosoma (Yang y Klionsky, 2009). En la figura 16 podemos observar que la expresión de *ATG5* se ve favorecida a las 48 h, especialmente en los cultivos sin auxinas. Interesantemente, la insulina favoreció la expresión a las 72 h lo que contrasta con el comportamiento de *ATG9* (Fig. 15), y sugiere que la insulina estimula la expansión de los autofagosomas.

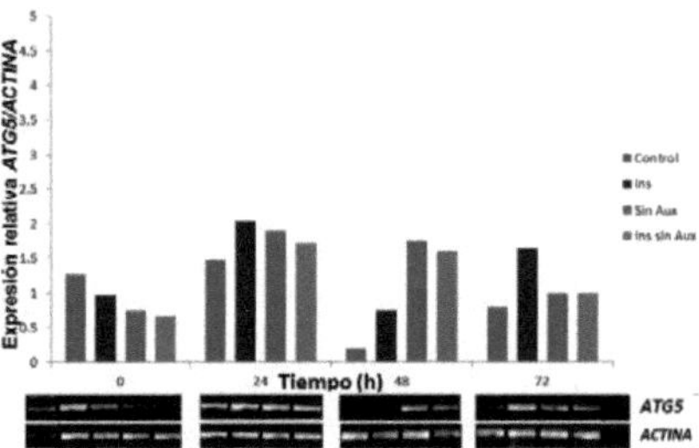


**Figura 16. Efecto de la insulina y la carencia de auxinas sobre la expresión de *ATG5*.** Los cultivos NT-1 fueron lavados después de 4 días de crecimiento y las células fueron inculadas en cada uno de los tratamientos: Control; Insulina 1.23 nM; Sin Auxinas y Sin Auxinas adicionados con 1.23 nM de insulina. Se tomó como 0 hr el día del lavado, posteriormente cada 24 hr se tomaron muestras hasta las 72 hr, de la cuales se extrajo RNA y se realizó un anális de RT-PCR semi cuantitativo del gen *ATG5* (496 pb). Las fotografías mostradas representan los productos de amplificación del gen (bandas superiores) en gel de agarosa al 1%, *ACTINA* fue utilizada como control de carga (bandas inferiores de 469 pb).

## k) Expresión de los genes de autofagia *ATG3* y *ATG8f* en cultivos NT-1 en presencia de insulina y carencia de auxinas

Por último, del sistema de lipidación ATG8, se analizó la expresión de los genes *ATG3* (Fig. 17A) y *ATG8f* (Fig. 17B), en donde la conjugación de ATG8 con PE comienza con el corte en un residuo de arginina del C-terminal de ATG8 por la proteasa ATG4, este corte deja expuesta una glicina de ATG8 que es unida al sitio activo de cisteína de ATG7 (primera enzima). Posteriormente ATG8 es transferida a ATG3 (segunda enzima) y con esto se cataliza la conjugación de ATG8 con PE. ATG8-PE recubrirá el autofagosoma permitiendo el reconocimiento de este con la vacuola para su fusión (Yang y Klionsky, 2009). Los resultados muestran que la expresión de *ATG3* (Fig. 17A) aumentó a las 48 h en los tratamientos sin auxinas, mientras que la adición de insulina también incremento ligeramente la expresión. Sin embargo, a diferencia de los tratamientos sin auxinas este aumento en el tratamiento con insulina se mantuvo a las 72 h, lo que podría sugerir que la insulina permite que continue el recubrimiento de los autofagosomas con ATG8-PE y de esta manera la fusión con la vacuola. No obstante la expresión de *ATG8f* (Fig. 17B) no mostró diferencias marcadas.

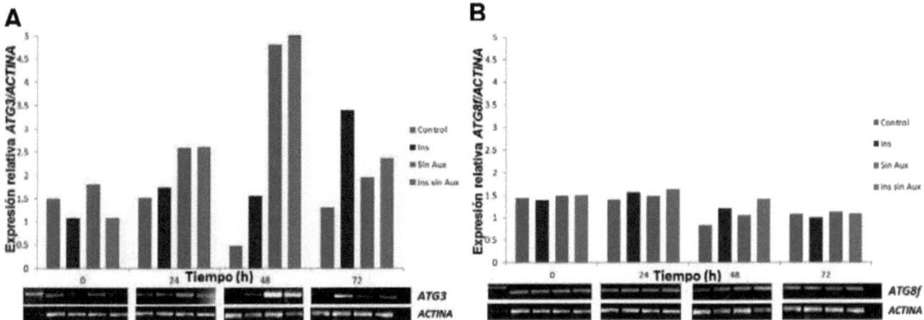


**Figura 17. Efecto de la insulina y la carencia de auxinas sobre la expresión de *ATG3* y *ATG8f*.** Los cultivos NT-1 fueron lavados después de 4 días de crecimiento y las células fueron inculadas en cada uno de los tratamientos: Control; Insulina 1.23 nM; Sin Auxinas y Sin Auxinas adicionados con 1.23 nM de insulina. Se tomó como 0 hr el día del lavado, posteriormente cada 24 hr se tomaron muestras hasta las 72 hr, de la cuales se extrajo RNA y se realizó un anális de RT-PCR semi cuantitativo de los genes: A) *ATG3* (454 pb) y B) *ATG8f* (369 pb). Las fotografías mostradas representan los productos de amplificación de cada gen (bandas superiores) en gel de agarosa al 1%, *ACTINA* fue utilizada como control de carga (bandas inferiores de 469 pb).

### I) Autofagia en cultivos de células NT-1 suplementados con insulina y en presencia de los inhibidores de las cinasas PI3K y de TOR

Para determinar el posible mecanismo por el cual la insulina podría activar la autofagia se decidió evaluar el efecto de los inhibidores de las cinasas PI3K y TOR sobre el proceso de autofagia, debido a que se ha reportado la participación de ambas cinasas en dicho proceso. La primera promoviendo la nucleación de los autofagosomas por la activación de PI3K o regulándola negativamente a través de la activación de TOR (Liu y Bassham, 2012). Los resultados obtenidos (Fig. 18), mostraron que el LY294002 disminuyó el porcentaje de células en autofagia y la actividad autofágica relativa (fotos representativas Fig. 18G y 18H), lo qu indicea que la inhibición de PI3K (Vps34) impidió la nucleación de los autofagosomas y por lo tanto se detuvo la autofagia (Takatsuka et al., 2004). Por otra parte, la rapamicina estimulo el porcentaje de células en autofagia y la actividad autofágica relativa (fotos representativas Fig. 18K y 18L), debido a que la inactivación de TOR estimula la autofagia a través de la activación del complejo de cinasas que participan en la fase previa a la nucleación de los autofagosomas (Liu y Bassham, 2012) (Fig. 18A y 18B). La insulina en los cultivos tratados con LY294002 (Fig. 18I y 18J) no favoreció el proceso de autofagia, probablemente porque esta hormona estimuló la producción de ERO y estas actuarían río arriba a la cinasa TOR. En el proceso de autofagia PI3K se localiza río abajo de TOR y es importante para la nucleación de los autofagosomas, así que aunque este presente el estímulo por insulina no se puede activar la autofagia en presencia del inhibidor LY294002. Por otro lado, en los cultivos tratados con rapamicina y en presencia de insulina se observó una mayor inducción de la autofagia evaluado como porcentaje de células en autofagia y actividad autofágica relativa (Fig. 18M y 18N) lo que sugiere que el efecto estimulador de la autofagia es independiente de la cinasa TOR.

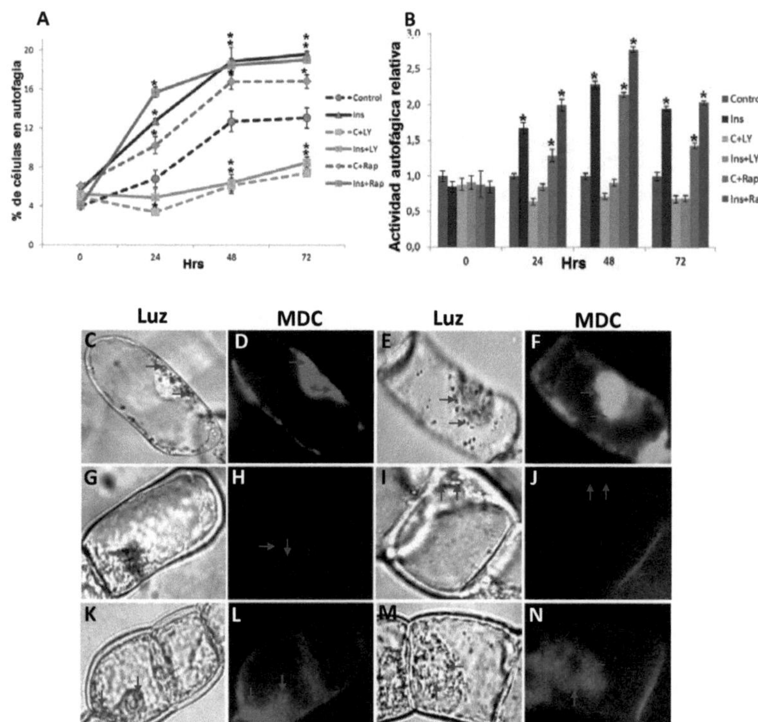


**Figura 18. Autofagia en cultivos celulares de tabaco NT-1 en presencia de los inhibidores de PI3K y de TOR.** A) porcentaje de células en autofagia en cultivos tratados con LY294002 (10 µM) y rapamicina (10 nM) en presencia de 1.23 nM de insulina; B) actividad autofágica relativa normalizada al control. Cuantificación de los autofagosomas teñidos con MDC en los tratamientos con LY294002 (10 µM) y rapamicina (10 nM) y adicionados con 1.23 nM de insulina probados a un mismo tiempo alrededor de 20 células fueron tomadas por cada tratamiento para contabilizar los autofagosomas; C-N) fotos representativas para cada tratamiento a las 48 h. c) Control campo claro; d) Control luz UV; e) Insulina campo claro; f) Insulina luz UV; g) Control + LY294002 campo claro; h) Control + LY294002 luz UV; i) Insulina + LY294002 campo claro; j) Insulina + LY294002 luz UV; k) Control + rapamicina campo claro; l) Control + rapamicina luz UV; m) Insulina + rapamicina campo claro; n) Insulina + rapamicina luz UV. ANOVA Tukey P≤ 0.05 * diferencia significativa respecto al control; n=4 STATISTICA ver. 8.0.

## m) Crecimiento de cultivos NT-1 suplementados con insulina y con los inhibidores de PI3K y de TOR

Debido a los resultados obtenidos sobre el aumento de autofagia en presencia de rapamicina y la disminución por el inhibidor de PI3K, se evaluó si existía una correlación entre el crecimiento de los cultivos celulares de tabaco NT-1 y la inducción de la autofagia, en presencia de los inhibidores antes mencionados.

Observamos que el crecimiento de los cultivos en presencia de LY294002 fue fuertemente inhibido (Fig. 19), por otro lado, en el tratamiento con insulina en presencia del inhibidor no se observó el efecto promotor por dicha hormona sobre el crecimiento. Mientras que, el efecto de la rapamicina sobre el cultivo control y el suplementado con insulina, la disminución sobre el crecimiento observado por VPC fue discreta (Fig. 19A), no se observaron cambios en el crecimiento por peso seco en presencia de rapamicina (Fig. 19B). Mientras que, en el tratamiento con insulina en presencia de rapamicina, no se observó el efecto estimulador por la hormona, lo que muestra sensibilidad a este fármaco de los cultivos de tabaco NT-1, similar a lo observado en *Chlamydomonas reinhardtii* y maíz (Sánchez de Jiménez et al., 1999; Crespo et al., 2005).

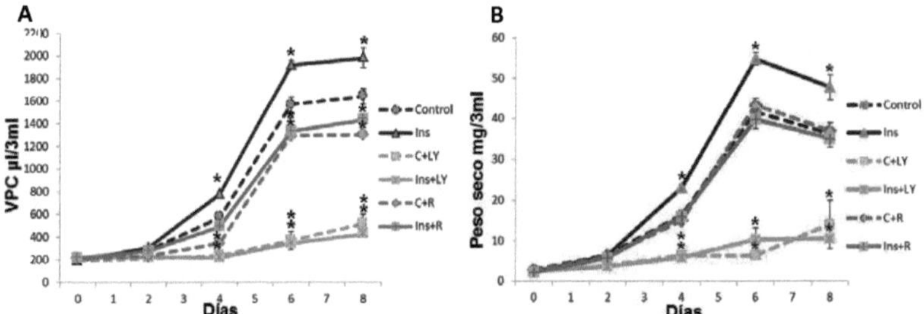


**Figura 19. Efecto de la insulina sobre el crecimiento de los cultivos celulares de tabaco NT-1 en presencia de los inhibidores de PI3K y de TOR.** A) y B) VPC y peso seco en cultivos tratados con 10 µM de LY294002 y con 10 nM de rapamicina respectivamente. ANOVA Tukey $P \leq 0.05$ * diferencia significativa respecto al control; n=4 STATISTICA ver. 8.0.

### n) Producción de $H_2O_2$ en cultivos NT-1 suplementados con insulina y con los inhibidores de PI3K y de TOR

En base a los resultados obtenidos, se sugiere que la inducción de la autofagia por un aumento en los niveles de $H_2O_2$ se encuentra río arriba de ATG1 o ATG4 y estaría inactivando a TOR. Así que, para dilucidar el posible mecanismo se evaluó la producción de $H_2O_2$ en presencia de los inhibidores de PI3K y de TOR.

Los resultados obtenidos (Fig. 20) indican que la insulina estimuló la producción de $H_2O_2$ a partir de las 48 y hasta las 72 h (autofagia basal). Mientras que, la presencia de LY294002 mantuvo los niveles como el control, por lo que en este caso la cinasa PI3K no estaría participando en la producción de $H_2O_2$. La rapamicina, favoreció la producción de $H_2O_2$ de forma similar a los cultivos en presencia de insulina, lo que podría sugerir que el $H_2O_2$ induce la autofagia por un mecanismo dependiente a la inhibición de TOR. Sin embargo, como no se observó un efecto aditivo en el tratamiento dual con rapamicina e insulina, podría ser que el $H_2O_2$ no fuera el único mecanismo para la inducción de la autofagia.

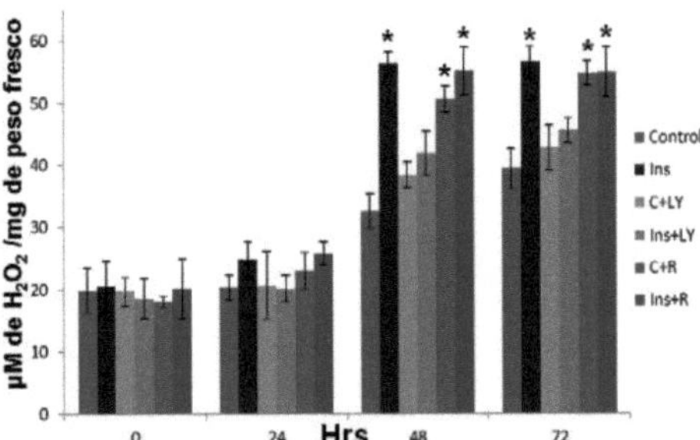


**Figura 20. Producción de $H_2O_2$ en cultivos celulares de tabaco NT-1 en presencia de los inhibidores de PI3K y TOR.** µM de $H_2O_2$ por mg de peso fresco en células molidas de cultivos tratados con insulina y suplementadas con 10 µM de LY294002 y con 10 nM de rapamicina. ANOVA Tukey $P \leq 0.05$ * diferencia significativa respecto al control; n=4 STATISTICA ver. 8.0.

### o) Muerte celular de los cultivos NT-1 suplementados con insulina y los inhibidores de PI3K y TOR

Debido a los resultados obtenidos sobre el crecimiento en los tratamientos con los inhibidores, se evaluó la muerte celular con DFA, para determinar si el LY294002 o la rapamicina podrían haber alterado el crecimiento por un aumento en la muerte celular. En la figura 21, podemos observar los cultivos en presencia de los inhibidores LY294002 y rapamicina, no se afectó de forma significativa la muerte celular, lo cual muestra que el efecto ocasionado por los inhibidores no fue causado por su toxicidad.

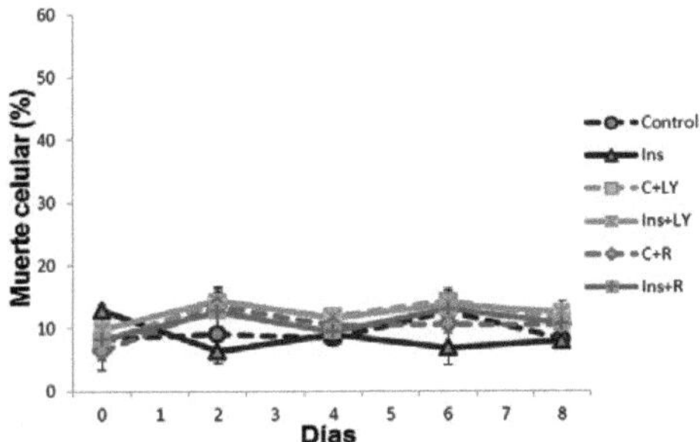


**Figura 21. Muerte celular de los cultivos celulares de tabaco NT-1 en presencia de los inhibidores de PI3K y TOR.** Cultivos adicionados con insulina y con los inhibidores LY294002 (10 μM) y rapamicina (10 nM). ANOVA Tukey $P \leq 0.05$ * diferencia significativa respecto al control; n=4 STATISTICA ver. 8.0.

## XI) DISCUSIÓN

En células vegetales, la autofagia funciona en respuestas de estrés como la disponibilidad de nutrientes (carbón y nitrógeno), en defensa a patógenos y durante la senescencia. En cultivos de células de tabaco BY-2 y NT-1, ha sido ampliamente reportado que, las auxinas regulan la proliferación celular a concentraciones de alrededor de 1 μM, mientras que a concentraciones menores a 1 μM regulan la elongación celular. Por lo que se han propuesto estos cultivos como un excelente modelo para estudiar el crecimiento dependiente de auxinas (Nagata et al., 2004). Sin embargo, nada se conoce sobre la participación de las auxinas en el proceso de autofagia cuando se encuentran en concentraciones limitantes; debido a que en cultivos NT-1 sin auxinas en el medio y suplementados con insulina se observó la formación de estructuras similares a autofagosomas, procedimos a determinar si dichas condiciones favorecían la autofagia.

Los resultados obtenidos para las cinéticas de crecimiento evaluadas por volumen de paquete celular (Fig. 7A) y peso seco (Fig. 7B) muestran que la insulina en cultivos de células de tabaco NT-1 favorece el crecimiento y este mayor crecimiento es debido a un aumento en la proliferación celular (Fierros-Romero, 2012). Mientras que, la carencia de sacarosa del medio de cultivo, inhibió el crecimiento de las células (Fig. 7A y 7B), efecto semejante a lo reportado por Rose y colaboradores (2006) en cultivos celulares de *Arabidopsis*, lo que muestra que la inanición de sacarosa causa un impacto fisiológico sobre el metabolismo basal y la producción de biomasa limitando el crecimiento. Sin embargo, la degradación de los componentes citoplásmicos permite el mantenimiento del metabolismo esencial impidiendo la muerte celular (Rose et a., 2006; Fierros-Romero, 2012).

Por otro lado, se evaluó el efecto de la insulina sobre la inducción de la autofagia y la actividad autofágica relativa la cual refleja el número de autofagosomas por célula en medios control y sin sacarosa (Fig. 8A y 8B). Inesperadamente, los resultados mostraron que la insulina favoreció el proceso de autofagia, contrario a lo que sucede en células animales, donde la hormona y factores de crecimiento parecidos a insulina activan a la cinasa PI3K clase I, y ésta río abajo a la cinasa TOR, la cual actúa como un regulador negativo de la autofagia (Kamada et al., 2000). Cabe mencionar, que a diferencia de metazoarios las plantas únicamente tienen a PI3K clase III, así que, dicha cinasa se encuentra participando además de en la vía PI3K/TOR/S6K, en la nucleación de los autofagosomas, por lo que posiblemente la insulina active a esta cinasa y con ello favorezca la autofagia. Respecto a la inducción de la autofagia mediante la inanición por sacarosa, los resultados del presente estudio concuerdan con un gran número de estudios en donde se observó que la carencia de sacarosa incrementa el número de células en autofagia, así como la actividad autofágica relativa y dicho aumento llega a un punto máximo, disminuyendo posteriormente debido a que las células comienzan a entrar en muerte celular por una degradación masiva de proteínas intracelulares (Fig. 9) (Liu et al., 2005; Inoue et al., 2006; Rose et al., 2006; Hofius et al., 2009; Takatsuka et al., 2011). Además, la adición de insulina en cultivos sin sacarosa no mostro un efecto aditivo sobre el proceso de autofagia

Por otro lado, se sabe que, las células integran información con respecto a la disponibilidad de nutrientes, la activación de receptores hormonales y de factores de crecimiento, el estrés, y el estatus energético a través de la vía de señalización PI3K/TOR, por lo tanto, la insulina bloqueando la autofagia (Rabinowitz y White, 2010). Debido a que se ha reportado que la insulina favorece el crecimiento de cultivos celulares de tabaco NT-1 estimulando la división celular y que dicho efecto es dependiente de las auxinas, además de que en cultivos sin auxinas se observó la formación de estructuras similares a autofagosomas (Fierros-Romero, 2012). Respecto a la carencia de auxinas, en la figura 10A y 10B, se observó en dichos cultivos una disminución en el crecimiento respecto al control, el cual no fue re-establecido por la insulina. Además de una elongación celular y una disminución en la viabilidad a partir del cuarto día característica de la carencia de auxinas, coincidiendo con otros reportes, donde en cultivos de tabaco, la carencia de auxinas detiene el ciclo celular en la fase G1, promoviendo así, la elongación de las células y finalmente la muerte celular (Mlejnek y Prochazka, 2002; Petrasek et al., 2002). Al analizar las células al microscopio en los tratamientos sin auxinas o sin auxinas y suplementados con insulina, se observó la formación de estructuras similares a autofagosomas, por lo que procedimos a evaluar si estas condiciones podrían inducir la autofagia.

Al analizar el proceso de autofagia, observamos que el porcentaje de células en autofagia aumentó conforme transcurre el tiempo (Fig. 11A), mientras que la actividad autofágica relativa (Fig. 11B) también incrementó alcanzando un punto máximo a las 24 h, donde se mantuvo hasta las 72 hr. Los resultados sugieren que la carencia de auxinas induce la autofagia posiblemente a través de la producción de ERO. Bajo ciertos estreses como la producción masiva de ERO, la célula regula de forma coordinada la eliminación de componentes tóxicos mediante su degradación en vacuola o en lisosomas por autofagia, aunque el cruce de señales entre la autofagia y la señalización redox aún no es bien conocido (Minibayeva et al., 2012). Como, la proteasa ATG4 presenta múltiples residuos de cisteína conservados en su estructura, se ha sugerido que podría funcionar como un sensor redox. En células animales ATG4, ha sido mostrado que es un blanco directo para la oxidación por $H_2O_2$, y que señales oxidativas conducen a la inactivación de ATG4 promoviendo con esto la lipidación de ATG8. Conforme madura el autofagosoma hacia la fusión con el lisosoma, su localización cambia a un ambiente con bajo contenido de $H_2O_2$

donde ATG4 es activo y puede delipidar y reciclar a ATG8, lo antes mencionado ha permitido sugerir que las ERO funcionan como moléculas de señalización que disparan la autofagia como un mecanismo de sobrevivencia (Scherz et al., 2007). Además, cuando la oxidación intracelular se eleva, existe una acumulación progresiva de proteínas oxidadas, organelos dañados y esto último representa una amenaza para la célula. La desregulación de la autofagia conduce a un incremento en el estrés oxidativo (Lee et al., 2012).

Respecto a la actividad autofágica relativa (Fig. 11B), se ha reportado que dicho parámetro llega a un punto máximo antes de la muerte celular. Al evaluar la muerte celular de los cultivos (Fig. 13) no se observó diferencia por la adición de insulina. Sin embargo, la carencia de auxinas en el medio de cultivo disminuyó en un 50% la viabilidad; como se mencionó antes las auxinas participan en la progresión del ciclo celular y la carencia de ellas arresta el ciclo celular en la fase G1, además de que en su ausencia se activan proteasas tipo caspasas que inducen la apoptosis a partir del cuarto día (Mlejnek y Prochazka, 2002). El tema sobre la contribución de la autofagia en la muerte celular ha sido muy debatido, debido a que la autofagia destaca en el cruce entre la sobrevivencia y la muerte celular. La autofagia promueve la degradación de proteínas y organelos dañados durante el estrés oxidativo, pero es también activada como parte de programas de muerte celular cuando el daño no puede ser reparado (Scherz et al., 2007). De hecho algunos investigadores consideran a la autofagia como un tipo de muerte celular programada y otros como un regulador negativo de dicho proceso (Kang et al., 2007).

El principal centro intracelular para la integración de señales relacionadas con autofagia es TORC1 (Efeyan y Sabatini, 2010). En presencia de nutrientes abundantes y de factores de crecimiento incluyendo la insulina, TORC1 promueve el crecimiento celular y la actividad metabólica con lo cual se suprime al complejo ULK (ATG1/ATG13 en plantas) y la autofagia. En privación o estrés, numerosas vías de señalización inactivan a la cinasa TORC1. Este cambio no sólo suprime el crecimiento de las células para reducir la demanda de energía sino que también induce la autofagia para permitir la adaptación al estrés y la sobrevivencia. Río arriba de TORC1 está la vía de detección de energía celular controlada por la proteína cinasa activada por adenosina monofosfato (AMPK). Altas concentraciones de AMP impiden la señalización energética, activan AMPK, e inhiben a TORC1, promoviendo con esto la autofagia (Shackelford y Shaw, 2009).

Por otro lado, la autofagia es importante para la regulación de la capacidad metabólica celular. Un ejemplo notable es la capacidad de las levaduras de vivir con metanol o ácidos grasos, sustratos que son quemados en los peroxisomas. Cuando existen mejores fuentes de carbón disponibles, los peroxisomas ya no son requeridos y son eliminados por autofagia. La función de la autofagia en la remoción de los peroxisomas esta conservado desde levadura hasta mamíferos (Oku y Sakai, 2010).

Además, la autofagia también se ha reportado que contribuye a la secreción de insulina y a la sensibilidad a la hormona. Esto es esencial para la salud de las células β del páncreas y para la expansión de la masa de células β que ocurre en respuesta a dieta alta en grasas (Ebato et al., 2008). En los modelos genéticos y alimenticios de obesidad, se observó una disminución marcada de la autofagia, particularmente en los niveles de expresión de *ATG7* en el hígado y la supresión de dicho gen resultó en una resistencia a insulina. En contraste, la restauración de la expresión de *ATG7* en hígado, mejoró la acción de la insulina hepática, y en la tolerancia sistémica a la glucosa en ratones obesos. La acción benéfica de *ATG7* en ratones obesos puede ser completamente evitado por el bloqueo de un mediador río abajo, *ATG5*, soportando su dependencia en la autofagia regulada por la acción de la insulina (Yang et al., 2010). En plantas, ha sido determindado recientemente que la autofagia contribuye a la degradación de almidón en hojas mediante el secuestramiento de pequeños granulos de almidón en la vacuola y posterior degradación. Además, con el uso de inhibidores para la autofagia, líneas mutantes para genes *ATG* y análisis de los niveles de expresión de genes *ATG*, se determinó la participación de la autofagia en la degradación del almidón durante la noche. Los niveles de expresión de los genes *ATG2, ATG4, ATG6, ATG7, ATG9* y *PI3K* de tabaco fueron analizados, encontrando que la expresión de *ATG6, ATG7, ATG9* y *PI3K* aumentó en tiempos tempranos de adaptación a la oscuridad y posteriormente disminuyeron a niveles basales lo que sugiere que la maquinaria autofágica se activó bajo dicha condición (Wang et al., 2013).

En el presente estudio, observamos que en el tratamiento control, la insulina favoreció la autofagia (Fig. 11), este hecho fue contrario a lo reportado en mamíferos donde dicha hormona inhibe la autofagia a través de la activación de la vía PI3K/TOR (Klionsky, 2005; Rabinowitz y White, 2010). Sin embargo, en *Arabidopsis,* y la alga verde *Chlamydomonas reinhardtii,* se ha observado que la producción de especies reactivas de oxigeno (ERO) induce la autofagia por inhibición de la cinasa TOR o de manera independiente de esta última, por la activación directa de componentes río abajo a TOR (Scherz et al., 2007; Xiong et al., 2007; Pérez-Pérez et al., 2012b). Mientras que, en nuestro grupo de trabajo se ha observado que la adición de insulina además de promover el crecimiento, induce la producción de $H_2O_2$, se sugiere que el mecanismo por el cual la insulina activa la autofagia podría involucrar la producción de $H_2O_2$.

En mamíferos, muchas de las vías que controlan la autofagia son desreguladas en cáncer, y los blancos terapéuticos contra el cáncer están dirigidos hacia la activación de la autofagia, debido a que promueve la homeostasis metabólica y previene las enfermedades degenerativas. Algunos de ellos actúan directamente mediante la inhibición de TOR, mientras que otros inhiben vías de señalización o de nutrientes. Una posibilidad particularmente interesante es que la autofagia favorece la sobrevivencia de células tumorales. Si esto es correcto, entonces la inhibición de la autofagia podría sinergizar con los tratamientos de cáncer existentes (White y DiPaola, 2009; Rabinowitz y White, 2010).

Debido a que, en tabaco y *Arabidopsis* se sabe que la muerte celular programada (PCD) por una respuesta hipersensible (HR) altera la producción ERO, mimetizando con el silenciamiento de algunos componentes de la vía de autofagia como son ATG6, Vps34, ATG3 y ATG7 (McDowell y Dangl, 2000; Liu et al., 2005).

Mientras que, los resultados obtenidos para la producción de $H_2O_2$ (Fig. 12), indican que la insulina estimulo dicha producción de forma significativa a partir de las 48 hasta las 72 h respecto al control (autofagia basal). Los resultados anteriores correlacionan con la inducción de la autofagia, en donde al inicio se presentó una autofagia basal que se incrementó gradualmente desde las 48 hasta las 72 h, sugiriendo que la insulina activaría la autofagia a través de la producción de ERO, las cuales a su vez inhibirían a la cinasa TOR, o por un mecanismo independiente de TOR, activarían a ATG1 o a la proteína ATG4, la cual en otros eucariontes se ha propuesto como integradora de las señales redox porque es rica en residuos de cisteína y este aminoácido es sensible a las ERO (Scherz et al., 2007; Pérez-Pérez et al., 2012b). Por otra parte, la carencia de auxinas estimuló la producción de $H_2O_2$ desde las 24 hasta las 72 h (Fig. 12). El adicionar insulina en los cultivos en carencia de auxinas mostró un aumento en el $H_2O_2$ similar al tratamiento donde se retiraron las auxinas, no observándose ningún efecto aditivo por la adición de insulina (Fig. 12). Estos resultados sugieren que tanto la adición de insulina como la inanición de auxinas favorecen la autofagia a través de la producción de $H_2O_2$.

Actualmente, independientemente del organismo se sabe que la inducción de la autofagia requiere la activación del complejo de la fosfatidil inositol 3-cinasa de la clase III (PI3K), el cual está involucrado tanto en la regulación de la actividad de TOR como en la formación del autofagosoma. El complejo PI3K está compuesto de tres subunidades conservadas, la subunidad catalítica PI3K (Vps34), una cinasa activadora Vps15 que ancla el complejo a la membrana, y ATG6 que actúa como un andamio para la actividad de PI3K. El complejo PI3K enriquece la membrana que dará lugar al autofagosoma con fosfatidil inositol 3-fosfato (PI3P). se ha determinado que esas membranas ricas en PI3P participan directamente en el tráfico a la vacuola (Kim et al., 2001; Backer, 2008; Hayward y Dinesh-Kumar, 2011).

La expresión de los genes *PI3K* y *ATG6* forman un complejo esencial para la nucleación de los autofagosomas (Xie y Klionsky, 2007; Mizushima et al., 2011; Wang et al., 2013). En base a los resultados obtenidos mediante el colorante

MDC, donde se observó un aumento en la inducción de la autofagia y en la actividad autofágica relativa (Fig. 11), se determinó de forma especifica si la etapa de nucleación de autofogosomas involucraba la carencia de auxinas y la presencia de insulina en el medio de cultivo. Los resultados mostraron que para *PI3K*, existe una fuerte expresión a las 48 h en todos los tratamientos (Fig. 14A), siendo mayor en los cultivos sin auxinas. Mientras que para *ATG6* (Fig. 14B), el aumento en los niveles de expresión comienza a partir de las 24 h para los tratamientos sin auxinas aumentando fuertemente a las 48 h y de forma más discreta para el tratamiento al que únicamente se le adicionó insulina con respecto al control, lo cual en conjunto correlaciona con lo observado anteriormente con el colorante MDC donde la carencia de auxinas induce de forma más marcada y a partir de las 24 h la autofagia en comparación con la adición de insulina, indicando que el complejo PI3K se encuentra activo.

Posteriormente en el proceso de autofagia, participa el complejo transmembranal ATG9/ATG2/ATG18, en donde ATG9 es una proteína integral de membrana y se piensa que es un acarreador de membrana durante el ensamblaje del autofagosoma (Noda et al., 2000). Se sabe que, ATG9 localiza en la estructura pre-autofagosomal (PAS), lo que es esencial para la formación del autofagosoma. Por otro lado, ATG2 y ATG18 son dos proteínas de membrana que interactúan en la periferia con ATG9, su localización en la PAS depende una de la otra, y la interacción entre estas tres proteínas permite la liberación de ATG9 para otra parte de la membrana, la ausencia de alguna de éstas resulta en la acumulación de ATG9 en la PAS (Reggiori et al., 2004; Suzuki et al., 2007). Estudios en *Arabidopsis*, indican que la expresión de *ATG9* y de *ATG18a* es necesaria para la inducción de la autofagia, además dicha expresión fue sobre regulada en una línea de baja expresión de *TOR* lo que indica que existe una autofagia activada de forma constitutiva (Liu y Bassham, 2010), por otro lado, estudios recientes en *Nicotiana benthamiana,* indican que el gen *ATG9* se expresa en la noche durante la degradación de almidón lo que sugiere la participación de la autofagia para dicho proceso degratativo (Wang et al., 2013), por lo que decidimos analizar si bajo nuestras condiciones cambiaban los niveles de expresión de los genes *ATG2* y *ATG9*, integrantes del complejo transmembranal descrito anteriormente. Se puede observar tanto para *ATG2* (Fig. 15A) como para *ATG9* (Fig. 15B) un aumento en los niveles de expresión a las 48 h siendo más marcado en los tratamientos a los cuales se les retiraron las auxinas del medio, que aquel al que se le adicionó insulina, indicando que el complejo transmembranal se activa al retirar auxinas y suplementar con insulina. Sin embargo, la expresión de *ATG9* disminuyó a las 72 h en el tratamiento con insulina con respecto al control lo cual podría indicar que está deteniendo la formación de autofagosomas en dicho tratamiento, debido a que *ATG9* proporciona las membranas que darán lugar a los autofagosomas.

Además de los genes antes mencionados se determinó la expresión de *ATG5* (Fig. 16), por su participación en un sistema de conjugación tipo ubiquitina en donde mediante reacciones enzimáticas se da la conjugación de ATG12 con ATG5, comenzando con la activación por ATG7 (primera enzima) la cual hidroliza ATP y con esto activa a ATG12 a través de la formación de un puente tioester entre la glicina del C-terminal de ATG12 y el sitio activo de cisteína de ATG7; subsecuente, ATG12 activado es transferido al sitio activo de cisteína de ATG10 (segunda enzima), la cual cataliza la conjugación de ATG12 a ATG5 a través de la formación de un enlace isopeptídico entre la glicina activa de ATG12 y un residuo interno de lisina de ATG5. Finalmente ATG12-ATG5 es enzamblado con ATG16 y con esto se permite la expansión del fagoforo (Yang y Klionsky, 2009). En la figura 16 podemos observar que la expresión de *ATG5* se ve favorece sólo a las 48 h y en los cultivos sin las auxinas. Sin embargo, la insulina estimuló la expresión a las 72 h, lo que contrasta con *ATG9* y podría indicar que los autofagosomas formados presentan una mayor expansión debido a la participación de *ATG5* en dicho proceso.

Por último, del sistema de lipidación ATG8, se analizó la expresión de los genes *ATG3* (Fig. 17A) y *ATG8f* (Fig. 17B), en donde la conjugación de ATG8 con PE comienza con el corte en la arginina del C-terminal de ATG8 por la proteasa ATG4, este corte deja expuesta una glicina de ATG8 que es unida al sitio activo de cisteína de ATG7 (primera enzima). Posteriormente ATG8 ya activa es transferida a ATG3 (segunda enzima) y con esto se cataliza la conjugación de ATG8 con PE. ATG8-PE recubrirá la membrana externa del autofagosoma permitiendo el reconocimiento de este con la vacuola para su fusión (Yang y Klionsky, 2009). Los resultados muestran que la expresión de *ATG3* (Fig. 17A) aumentó a las 48 h en los tratamientos sin auxinas, mientras que la adición de insulina también incremento ligeramente la expresión. Sin embargo, a diferencia de los tratamientos sin auxinas este aumento en el tratamiento con insulina se mantuvo a las 72 h, lo que podría sugerir que la insulina permite que continue el recubrimiento de los autofagosomas con ATG8-PE y de esta manera la fusión con la vacuola. No obstante la expresión de *ATG8f* (Fig. 17B) no mostró diferencias marcadas, esto probablemente debido a que se sabe que existe toda una familia de nueve miembros *ATG8* (*ATG8a-ATG8i*) por lo que otro u otros genes *ATG8* pueden ser los que están siendo expresados bajos nuestras condiciones analizadas (Doelling et al., 2002).

Por otro lado, se sabe que la autofagia puede ser estudiada mediante varias estrategias, tanto farmacológicas como genéticas, en 1982 Seglen y Gordon, realizaron una búsqueda de compuestos químicos con la capacidad de inhibir la autofagia en hepatocitos de ratas, encontrando que 3-Metiladenina (3-MA) es un potente inhibidor de la autofagia. Este compuesto bloquea la formación de autofagosomas e inhibe eficientemente la degradación de proteínas intracelulares sin afectar su síntesis, la degradación de proteínas eliminadas por endocitosis y los niveles intracelulares de ATP. Los efectos de 3-MA son reversibles después de lavar las células. Desde entonces, 3-MA ha sido ampliamente utilizado como un inhibidor de la autofagia en células de mamífero. Dicho inhibidor actúa sobre la fosfatidil inositol 3 cinasa (PI3K), además, recientemente se han utilizado los inhibidores wortmanina y LY294002 cuyo blanco es PI3K, para bloquear el proceso de autofagia en hepatocitos de rata y también en cultivos celulares de tabaco en inanición de sacarosa (Blommaart et al., 1997; Takatusuka et al., 2004).

Además, el uso de inhibidores ha sido empleado para demostrar la inhibición o estimulación de la autofagia, sin embargo la mayoría de los inhibidores químicos para autofagia no son completamente específicos. Debido a que la autofagia es un proceso multipasos, puede ser inhibida en diferentes estadios. Inhibidores que secuestran la autofagia incluyen, 3-MA, LY294002 y wortmanina, cuyo efecto es sobre la clase I y clase III de PI3K. Las enzimas de la clase I generan productos que inhiben la autofagia, mientras que las de la clase III productos que estimulan la autofagia. El efecto global de estos inhibidores es bloquear la autofagia debido a que las enzimas de la clase III son requeridas para activar la autofagia actuando río debajo de las enzimas de la clase I (Klionsky et al., 2008). Por otro lado, el inductor de autofagia más específico y normalmente utilizado es la rapamicina, el cual inhibe directamente a la cinasa TOR (Kamada et al., 2000).

Para determinar el posible mecanismo por el cual la insulina podría estar activando la autofagia se decidió evaluar el efecto de los inhibidores de las cinasas PI3K y TOR sobre el proceso de autofagia, ha sido reportado, que la participan dichas cinasas en la autofagia (Liu y Bassham, 2012). Por otro lado, se ha observado que la autofagia puede ser estimulada por las ERO de manera dependiente o independiente de la activación de TOR (Pérez-Pérez et al., 2012a). Los resultados obtenidos (Fig. 18A y 18B), mostraron que el LY294002 disminuyó el porcentaje de células en autofagia y la actividad autofágica relativa, efecto previamente reportado, debido a que la inhibición de PI3K (Vps34) impide la nucleación de los autofagosomas y por lo tanto detiene la autofagia (Takatsuka et al., 2004). Mientras que, la rapamicina estimuló el porcentaje de células en autofagia y la actividad autofágica relativa, la inhibición de TOR estimula la autofagia a través de la activación de un complejo de cinasas que participa en la fase previa a la nucleación de los autofagosomas (Klionsky, 2005; Liu y Bassham, 2012) (Fig. 18A y 18B). La insulina en los cultivos tratados con LY294002 no favoreció el proceso de autofagia, probablemente porque al estimular la producción de ERO por la hormona estas actúan sobre TOR, y en la autofagia PI3K se localiza río abajo de TOR, por lo que, aunque este presente el estímulo por insulina no se activa la autofagia en presencia de LY294002. Mientras que en los cultivos tratados con rapamicina y en presencia de insulina se observó una mayor inducción de la autofagia lo que sugiere que el efecto promotor de la autofagia dado por insulina es independiente de la activación de TOR debido a que se observó un efecto aditivo al adicionar la rapamicina.

Para correlacionar el proceso de autofagia con el crecimiento de dichos cultivos se observó que, en el VPC (Fig. 19A) el LY294002 inhibió fuertemente dicho parámetro y el tratamiento con insulina en presencia del inhibidor no lo estimuló. Mientras que, para el tratamiento con rapamacina, la disminución de dicho parámetro fue más discreta y en el tratamiento con insulina se observó que la estimulación de la hormona fue revertida. Sobre el peso seco (Fig. 19B), el inhibidor de PI3K mostró una disminución muy marcada en éste parámetro; sin embargo, la rapamicina no presentó efecto sobre dicho parámetro coincidiendo con otros estudios en cultivos en suspensión y en plántulas de *Arabidopsis* en donde se presenta insensibilidad a la rapamicina (Turck et al., 2004; Sormani et al., 2007). Sin embargo, en el tratamiento con insulina en presencia de rapamicina, no se observó el efecto estimulador de la hormona, lo que muestra cierto grado de sensibilidad a este fármaco de los cultivos de tabaco NT-1, similar a lo observado en *Chlamydomonas reinhardtii* y maíz (Sánchez de Jiménez et al., 1999; Crespo et al., 2005).

Al analizar si el efecto observado sobre la inducción de la autofagia era dado a través de la inhibición de la cinasa TOR por el aumento en la producción de $H_2O_2$ y para determinar si la inhibición de PI3K favorecía la producción de ERO se probaron los inhibidores de dichas cinasas (Fig 20), obteniendo que adicionar el LY294002 aumentó discretamente la producción de $H_2O_2$ con respecto al control, lo que podría deberse a la participación de PI3K en la movilización del $H_2O_2$ relacionado con el crecimiento en punta en *Arabidopsis* y su inhibición acumula $H_2O_2$ (Lee et al., 2008), la adición de insulina no tuvo un efecto aditivo. Adicionar rapamicina, inhibidor de TOR, favoreció la producción de $H_2O_2$ de forma similar a cuando se adiciona insulina, lo cual nos sugiere que el $H_2O_2$ induce la autofagia por un mecanismo dependiente a la inhibición de TOR, sin embargo no se observó un efecto aditivo en el tratamiento dual con rapamicina e insulina posiblemente porque la autofagia llega a un punto máximo previo a la inducción de la muerte celular (Scherz et al., 2007).

Al analizar la muerte celular en los cultivos en presencia de los inhibidores LY294002 y rapamicina (Fig. 21), se determinó que dichos compuestos no la afectaron de forma significativa, lo cual muestra que el efecto observado por los inhibidores no fue causado por su toxicidad.

## XII) Conclusiones

La insulina y la carencia de auxinas en los cultivos NT-1 estimularon la autofagia por un aumento en los niveles de $H_2O_2$.

La estimulación de la autofagia por efecto de la insulina parecería ser a través de $H_2O_2$ de manera independiente de la activación de TOR

## XIII) Perspectivas

Evaluar la formación de otras ERO diferentes al $H_2O_2$ en cultivos suplementados con insulina y en carencia de auxinas, mediante el uso del colorante $H_2$DFDA, con el objetivo de determinar si más de una ERO participa en la inducción de la autofagia.

Evaluar los niveles de expresión de los genes *PI3K, ATG6, ATG2, ATG9, ATG5, ATG3* y *ATG8f* en los tratamientos con los inhibidores LY294002 y rapamicina.

Analizar la inducción de la autofagia en cultivos de células de tabaco suplementados con insulina y en carencia de auxinas, mediante la línea marcadora de autofagosomas ATG8-GFP y microscopía confocal.

Evaluar el efecto de agentes antioxidantes y oxidantes sobre el proceso de autofagia en cultivos NT-1 suplementados con insulina y en carencia de auxinas.

Determinar el efecto de la insulina sobre el proceso de autofagia en líneas mutantes de *Arabidopsis* para genes *ATG*.

## XIV) LITERATURA CITADA

Ahn C. S., Han J. A., Lee H. S., Lee S. and Pai H. S. 2011. The PP2A regulatory subunit Tap46, a component of the TOR signaling pathway, modulates growth and metabolism in plants. Plant Cell 23:185-209.

Allan A. C. and Fluhr R. 1997. Two distinct sources of elicited reactive oxygen species in tobacco epidermal cells. Plant Cell 9:1559-1572.

Alvarez R. C., Nissen S. J. and Ernst S. G. 1994. Selection, enrichment and initial characterization of an elongated cell culture of tabacco. Plant Sci.103:73-79.

An G. 1985. High efficiency transformation of cultured tobacco cells. Plant Physiol. 79:568-570.

Apel K. and Hirt H. 2004. Reactive oxygen species: metabolism, oxidative stress, and signal transduction. Annu. Rev. Plant Biol. 55:373-399.

Avila-Alejandre A. X., Espejel F., Paz-Lemus E., Cortés-Barberena E., de León-Sánchez F.D., Dinkova T. D., Sánchez de Jimenéz E. and Pérez-Flores L. 2013. Effect of insulin on the cell cycle of germinating maiza sedes (*Zea mays* L.). Seed Sci. Res. 23:3-14.

Backer J. M. 2008. The regulation and function of Class III PI3Ks: novel roles for Vps34. Biochem. J. 410:1-17.

Bassham D. C. 2007. Plant autophagy more than a starvation response. Curr. Opin. Plant Biol. 10:587–593.

Bassham D. C. 2009. Function and regulation of macroautophagy in plants. Biochim. Biophys. Acta 1793:1397-1403.

Beltrán-Peña E. 1997. Expresión genética de las proteínas ribosomales durante la germinación del maíz. Tesis de Doctorado. Universidad Nacional Autónoma de México, Mexico, DF.

Best C.S. 1923. Possible sources of insulin. Metabol. Res. 3:177-179.

Blommaart E. F. C., Krause U., Schellens J. P. M., Vreeling-Sindelarova H. and Meijer A. J. 1997. The phosphatidylinositol 3-kinase inhibitors wortmannin and

LY294002 inhibit autophagy in isolated rat hepatocytes. Eur. J. Biochem. 243:240-246.

Brosché M., Merilo E., Mayer F., Pechter P., Puzõrjova I., Brader G., Kangasjarvi J. and Kollist H. 2010. Natural variation in ozone sensitivity among *Arabidopsis thaliana* accessions and its relation to stomatal conductance. Plant Cell Environ. 33:914-925.

Brunn G. J., Williams J., Sabers C., Wiederrecht G., Lawrence J. C. and Abraham R. T. 1996. Direct inhibition of the signaling functions of the mammalian target of rapamycin by the phosphoinositide 3-kinase inhibitors, wortmannin and LY294002. EMBO J. 15:5256-67.

Boruc J., Mylle E., Duda M., de Clercq R., Rombauts S., Geelen D., Hilson P., Inze D., van Damme D. and Russinova E. 2010. Systematic localization of the *Arabidopsis* core cell cycle proteins reveals novel cell division complexes. Plant Physiol. 152:553-565.

Chang Y., Phillips A. R. and Vierstra R. D. 2009. Nutrient-dependent regulation of autophagy through the target of rapamycin pathway. Biochem. Soc. Trans. 37:232-236.

Chen J. G., Ullah H., Young J. C., Sussman M. R. and Jones A. M. 2001. ABP1 is required for organized cell elongation and division in Arabidopsis embryogenesis. Genes Dev. 15:902-911.

Chen Y. and Gibson S. B. 2008. Is mitocondrial generation of reactive oxygen species a trigger for autophagy? Autophagy 4:246-248.

Chen Y., McMillan-Ward E., Kong J., Israels S. J. and Gibson S. B. 2008. Oxidative stress induces autophagic cell death independent of apoptosis in transformed and cancer cells. Cell Death Differ. 15:171-182.

Chen Y., Azad M. B. and Gibson S. B. 2009. Superoxide is the major reactive oxygen species regulating autophagy. Cell Death Differ. 16:1040-1052.

Chowienczyk P. J., Brett S. E., Gopaul N. K., Meeking D., Marchetti M., Russel-Jones D. L., Anggard E. E. and Ritter J. M. 2000. Oral treatment with an antioxidant (raxofelast) reduces oxidative stress and improves endotelial function in men with type II diabetes. Diabetologia 43:974-977.

Collip J. 1923. Glucokinin. A new hormone present in plant tissue. J. Biol. Chem. 56:513-543.

Collier E., Watkinson A., Cleland C. F. and Roth J. 1987. Partial purification and characterization of an insulin-like material from spinach and Lemna gibba G3. J. Biol. Chem. 262:6238-47.

Contento A. L., Xiong Y., and Bassham D. C. 2005. Visualization of autophagy in *Arabidopsis* using the fluorescent dye monodansylcadaverine and a GFP-AtATG8e fusion protein. Plant J. 42:598-608.

Crespo J. L., Díaz-Troya S. and Florencio F. J. 2005. Inhibition of target of rapamycin signaling by rapamycin in the unicellular green alga *Chlamydomonas reinhardtii.* Plant Physiol. 139:1736-1749.

Criollo A., Senovilla L., Authier H., Maiuri M. C., Morselli E., Vitale I., Kepp O., Tasdemir E., Galluzzi L., Shen S., Tailler M., Delahaye N., Tesniere A., De Stefano D., Younes A. B., Harper F., Pierron G., Lavandero S., Zityogel L., Israel A., Baud V. and Kroemer G. 2010. The IKK complex contributes to the induction of autophagy. EMBO J. 29:619-631.

Deak M., Casamayor A., Currie R. A., Downes C. P. and Alessi D. R. 1999. Characterization of a plant 3-phosphoinositide-dependent protein kinase-1 homologue which contains a pleckstrin homology domain. FEBS Lett. 451:220-226.

Dixon R. A. 1985. Isolation and maintenance of callus and cell suspension cultures. 1-20. In: Plant cell culture a practical approach. (R. A. Dixon, Ed.) IRL PRESS. Oxford-Washington DC.

Doelling J. H., Walker J. M., Friedman E. M., Thompson A.R. and Vierstra R. D. 2002. The APG8/12-activating enzyme APG7 is required for proper nutrient recycling and senescence in *Arabidopsis thaliana*. J. Biol. Chem. 277:33105-33114.

Ebato C., Uchida T., Arakawa M., Komatsu M., Ueno T., Komiya K., Azuma K., Hirose T., Tanaka K., Kominami E., Kawamori R., Fujitani Y. and Watada H. 2008. Autophagy is important in islet homeostasis and compensatory increase of beta cell mass in response to high-fat diet. Cell Metab. 8:325-332.

Ellis M. M. and Eyster W .H. 1923. Some effects of insulin and glucokinin on maize seedlings. Science 58:541-2.

Eruslanov E. and Kusmartsev S. 2010. Identification of ROS using oxidized DCFDA and flow-cytometry. Met. Mol. Biol. 594:57-72.

Fierros-Romero G., Peña-Correa R., Mellado Rojas M. E. y Beltrán Peña E. M. 2010. Crecimiento de las células de *Nicotiana tabacum* NT-1 en suspensión activado por insulina. Biológicas 12:82-89.

Fierros-Romero G. 2012. Efecto de la insulina en la activación de las cascadas PI3K-TOR y MAPK en cultivos de células de tabaco NT-1. Tesis de maestría. IIQB de la Universidad Michoacana de San Nicolás de Hidalgo.

Fischer B. B., Krieger-Liszkay A., Hideg E., Snyrychová I., Wiesendanger M. and Eggen R. I. 2007. Role of singlet oxygen in chloroplast to nucleus retrograde signaling in *Chlamydomonas reinhardtii.* FEBS Lett. 581:5555-5560.

Foreman J., Demidchik V., Bothwell J. H., Mylona P., Miedema H., Torres M. A., Linstead P., Costa S., Brownlee C., Jones J. D. G., Davies J. M. and Dolan L. 2003. Reactive oxygen species produced by NADPH oxidase regulate plant cell growth. Nature 422:442-446.

Forman H. J., Maiorino M. and Ursini F. 2010. Signaling functions of reactive oxygen species. Biochemistry 49:835-842.

Foyer C. H. and Noctor G. 2009. Redox regulation in photosynthetic organisms: signaling, acclimation, and practical implications. Antiox. Red. Sign. 11:861-905.

Gadjev I., Vanderauwera S., Gechev T. S., Laloi C., Minkov I. N., Shulaev V., Apel K., Inzé D., Mittler R. and Van Breusegem F. 2006. Transcriptomic footprints disclose specificity of reactive oxygen species signaling in *Arabidopsis.* Plant Physiol. 141:436-445.

Ganguly A., Lee S. H., Cho M., Lee O. R., Yoo H. and Cho H. T. 2010. Differential auxin-transporting activities of PIN-FORMED proteins in *Arabidopsis* root hair cells. Plant Physiol. 153:1046-1061.

Garcia Flores C., Aguilar R., Reyes de la Cruz H., Albores M. and Sánchez de Jiménez E. 2001. A maize insulin-like growth factor signals to a transduction pathway that regulates protein synthesis in maize. Biochem. J. 358:95-100.

Gauthier A., Idanheimo N., Brosché M., Kollist H., Wrzaczek M. and Kangasjarvi J. 2011. Characterization of RLSs in *Arabidopsis thaliana.*

Proceedings of the 10th International Conference on Reactive Oxygen and Nitrogen Species in Plants P5.

Geelen D. N. and Inze D. G. 2001. A bright future for the bright yellow-2 cell culture. Plant Physiol. 127:1375-1379.

Gibson S. B. 2013. Investigating the role of reactive oxygen species in regulating autophagy. Meth. Enzymol. 528:217-235.

Gingras A. C., Raught B. and Sonenberg N. 2001. Regulation of translation initiation by FRAP/mTOR. Genes Dev. 15:807-26.

Goodman D. B. and Davis W. L. 1993. Insulin accelerates the post germinative development of several fat-storing seeds. Biochem. Biophys. Res. Commun. 190:440-6.

Granger C. L. and Cyr R. J. 2000. Expression of GFP-MAP4 reporter gene in a stably transformed tobacco cell line reveals dynamics of microtubule reorganization. Planta 210:502–509.

Guiboileau A., Sormani R., Meyer C. and Masclaux-Daubresse C. 2010. Senescence and death of plant organs: nutrient recycling and developmental regulation. C. R. Biol. 333:382–391.

Guiboileau A., Yoshimoto K., Soulay F., Bataille M. P., Avice J. C. and Masclaux-Daubresse J. C. 2012. Autophagy machinery controls nitrogen remobilization at the whole-plant level under both limiting and ample nitrate conditions in *Arabidopsis*. New Phytol. 194:732-740.

Hagen T. M., Huang S., Curnutte J., Flower P., Martinez V., Wehr C. M., Ames B. N. and Chisari F. 1994. Extensive oxidative DNA damage in hepatocytes of transgenic mice with chronic active hepatitis destined to develop hepatocellular carcinoma. Proc. Natl. Acad. Sc.i USA 91:12808-12812.

Haywardi A. P. and Dinesh-Kumar S. P. 2011. What can plant autophagy do for an innate immune response? Annu. Rev. Phytopathol. 49:557-576.

Hofius D., Schultz-Larsen T., Joensen J., Tsitsigiannis D. I., Petersen N. H., Mattsson O., Jorgensen L. B., Jones J. D. G., Mundy J. and Petersen M. 2009. Autophagic components contribute to hypersensitive cell death in *Arabidopsis*. Cell 137:773-83.

Ibl V. and Stoger E. 2012. The formation, function and fate of protein storage compartments in seeds. Protoplasma 249:379-392.

Inoue Y., Suzuki T., Hattori M., Yoshimoto K., Ohsumi Y. and Moriyasu Y. 2006. *AtATG* genes, homologs of yeast autophagy genes, are involved in constitutive autophagy in *Arabidopsis* root tip cells. Plant Cell Physiol. 47:1641-52.

Izumi M., Hidema J., Makino A. and Ishida H. 2013. Autophagy contribuites to nighttime energy availability for growth in *Arabidopsis*. Plant Physiol. 161:1682-1693.

Juárez -Domínguez A., Santillán-Mendoza R., Mellado-Rojas M. E. y Beltrán-Peña E. M. 2010. Insulina estimula el crecimiento de *Arabidopsis thaliana* a través de la cinasa MAPK3. Biológicas 12:14-19.

Kabbage M., Williams B. and Dickman M. B. 2013. Cell death control: the interplay of apoptosis and autophagy in the pathogenicity of *Sclerotinia sclerotiorum*. PLoS Pathog. 9:e1003287.

Kamada Y, Funakoshi T, Shintani T, Nagano K, Ohsumi M, and Ohsumi Y. 2000. Tor-mediated induction of autophagy via an Apg1 protein kinase complex. J. Cell Biol. 150:1507-1513.

Kang R., Livesey K. M., Zeh H. J., Loze M. T. and Tang D. 2010. HMGB1: A novel Beclin-1-binding protein active in autophagy. Autophagy 6:1209-1211.

Karp, G. 2005 Biología celular y molecular: conceptos y experimentos. McGraw-Hill–Interamericana, México, D. F., pp. 899.

Kim D. H., Eu Y. J., Yoo C. M., Kim Y.W., Pih K. T., Jin J. B., Kim S. J., Stenmarkc H. and Hwang I. 2001. Trafficking of phosphatidylinositol 3-phosphate from the trans-Golgi network to the lumen of the central vacuole in plant cells. Plant Cell 13:287-301.

Klionsky D. J. 2005. The molecular machinery of autophagy: unanswered questions. J. Cell. Sci. 118:7-18.

Kobayashi M., Ohura I., Kawakita K., Yokota N., Fujiwara M., Shimamoto K., Doke N. and Yoshioka H. 2007. Calcium-dependent protein kinases regulate the production of reactive oxygen species by potato NADPH oxidase. Plant Cell 19:1065-1070.

Kost B., Spielhofer P. and Chua N. H. 1998. A GFP-mouse talin fusion protein labels plant actin filaments in vivo and visualizes the actin cytoskeleton in growing pollen tubes. Plant J. 16:393-401.

Lee Y., Bak G., Choi Y., Chuang W.-I., Cho H.-T. and Lee Y. 2008. Roles of phosphatidylinositol 3-kinase in root hair growth. Plant Physiol. 147:624-635.
Lee J., Giordano S. and Zhang J. 2012. Autophagy, mitochondria and oxidative stress: cross-talk and redox signalling. Biochem. J. 441:523-540.

Li L., Chen Y. and Gibson S. B. 2013. Starvation-induced autophagy is regulated by mitocondrial reactive oxygen species leading to AMPK activation. Cell Sign. 25:50-65.

Liu Q., Raina A. K., Smith M. A., Sayre L. M. and Perry G. 2003. Hydroxynonenal, toxic carbonyls, and Alzheimer disease. Mol. Asp. Med. 24:305-313.

Liu M. C., Schiff M., Czymmek K., Talloczy Z., Levine B. and Dinesh-Kumar S. P. 2005. Autophagy Regulates Programmed Cell Death during the Plant Innate Immune Response. Cell 121:567-577.

Liu Z. and Lenardo M. J. 2007. Reactive oxygen species regulate autophagy through redox-sensitive proteases. Dev. Cell 12:484-485.

Liu Y., Xiong Y. and Bassham D. C. 2009. Autophagy is required for tolerance of drought and salt stress in plants. Autophagy 5:954-963.

Liu Y. and Bassham D. C. 2010. TOR is a negative regulator of autophagy in *Arabidopsis thaliana.* PLOS ONE 5:1-9.

Liu Y. and Bassham D. C. 2012. Autophagy: pathways for self-eating in plant cells. Annu. Rev. Plant Biol. 63:215-237.

Malhotra J. D. and Kaufman R. J. 2007. Endoplasmic reticulum stress and oxidative stress: a vicious cycle or a double-edged sword? Antiox. Red. Sign. 9:2277-2293.

Manning B. D. and Cantley L. C. 2003. United at last: the tuberous sclerosis complex gene products connect the phosphoinositide 3-kinase/Akt pathway to mammalian target of rapamycin (mTOR) signalling. Biochem. Soc. Trans. 31:573-8.

Marino D., Andrio E., Danchin E. G., Oger E., Gucciardo S., Lambert A., Puppo A. and Pauly N. 2011. A *Medicago truncatula* NADPH oxidase is involved in symbiotic nodule functioning. New Phytol. 189:580-592.

Mathews C. K., Van Holde K. E. and Ahern K. G. 2002. Bioquímica. Pearson Addison Wesley. España. 931-982.

Matsuoka K., Demura T., Galis I., Horiguchi T., Sasaki M., Tashiro G. and Fukuda H. 2004. A comprehensive gene expression analysis toward the understanding of growth and differentiation of tobacco BY-2 cells. Plant Cell Physiol. 45:1280-1289.

Maxwell D. P., Wang Y. and McIntosh L. 1999. The alternative oxidase lowers mitochondrial reactive oxygen production in plant cells. Proc. Natl. Acad. Sci. USA 96:8271-8276.

McDowell J. M. and Dangl J. L. 2000. Signal transduction in the plant immune response. Trends Biochem. Sci. 25:79-82.

Meijer A. J. and Codogno P. 2006. Signalling and autophagy regulation in health, aging and disease. Mol. Asp. Med. 27:411-425.

Meijer A. J. 2008. Amino acid regulation of autophagosome formation. Chapter 4. Methods in Molecular Biology, vol 445: Autophagosome and Phagosome. Edited by: Deretic V. Humana Press.

Menand B., Desnos T., Nussaume L., Berger F., Bouchez D., Meyer C. and Robaglia C. 2002. Expression and disruption of the *Arabidopsis* TOR (target of rapamycin) gene. Proc. Natl. Acad. Sci. USA 99:6422-6427.

Meyuhas O. 2000. Synthesis of the translational apparatus is regulated at the translational level. Eur. J. Biochem. 267:6321-30.

Mijaljica D., Prescott M. and Devenish R. J. 2011. Microautophagy inmammalian cells: revisiting a 40-year-old conundrum. Autophagy 7:673-82.

Miller G., Schlauch K., Tam R., Cortes D., Torres M. A., Shulaev V., Dangl J. F. and Mittler R. 2009. The plant NADPH oxidase RBOHD mediates rapid systemic signaling in response to diverse stimuli. Sci. Sign. 2:ra45.

Minibayeva F., Dmitrieva S., Ponomareva A. and Ryabovol V. 2012. Oxidative stress-induced autophagy in plants: the role of mitocondria. Plant Physiol. Biochem. doi:10.1016/j.plaphy.2012.02.013.

Mitou G., Budak H. and Gozuacik D. 2009. Techniques to study autophagy in plants. Int. J. Plant Gen. doi:10.1155/2009/451357.

Mittler R., Vanderauwera S., Suzuki N., Miller G., Tognetti V. B., Vandepoele K., Gollery M., Shulaev V. and Van Breusegem F. 2011. ROS signaling: the new wave? Trends Plant Sci. 16:300-309.

Mizushima N., Yoshimori T., and Ohsumi Y. 2011. The role of Atg proteins in autophagosome formation. Annu. Rev. Cell Dev. Biol. 27:107-132.

Mlejnek P. and Prochazka S. 2002. Activation of caspase-like proteases and induction of apoptosis by isopentenyladenosine in tobacco BY-2 cells. Planta 215:158-66.

Moriyasu Y. and Ohsumi Y. 1996. Autophagy in tobacco suspension-cultured cells in response to sucrose starvation. Plant Physiol. 111:1233-1241.

Nagata T. and Hasezawa S. 1992. Tobacco BY-2 cell line as the "HeLa" cell in the cell bioloby of higher plants. Int. Rev. Cytol. 132:1-30.

Nagata T. and Kumagai F. 1999. Plant cell biology through the window of the highly synchronized tobacco BY-2 cell line. Meth. Cell Sci. 21:123-127.

Nagata T. 2004. When I encountered tobacco BY-2 cells! In Nagata T.; Inzé D. (eds.), Biotechnology in Agriculture and Forestry Springer, New York, Vol. 53, pp. 1-5.

Nagata T., Sakamoto K. and Shimizu T. 2004. Tobacco BY-2 cells: The present and beyond. In Vitro Cell. Develop. Biol. Plant 40:163-166.

Noda T., Kim J., Huang W. P., Baba M., Tokunaga C., Ohsumi Y. and Klionsky D. J. 2000. Apg9p/Cvt7p is an integral membrane protein required for transport vesicle formation in the Cvt and autophagy pathways. J. Cell Biol. 148:465-480.

Ogasawara Y., Kaya H., Hiraoka G., Yumoto F., Kimura S., Kadota Y., Hishinuma H., Senzaki E., Yamagoe S., Nagata K., Nara M., Suzuki K., Tanokura M. and Kuchitsu K. 2008. Synergistic activation of the Arabidopsis NADPH oxidase AtrbohD by Ca2+ and phosphorylation. J. Biol. Chem. 283:8885-8892.

Oku M. and Sakai. 2010. Peroxisomes as dynamic organelles: autophagic degradation. FEBS J. 277:3289-3294.

Olivares-Reyes J. A. y Arellano-Plancarte A. 2008. Bases moleculares de las acciones de la insulina. REB 27:9-18.

Orenstein S.J. and Cuervo A. M. 2010. Chaperone-mediated autophagy: molecular mechanisms and physiological relevance. Semin. Cell Dev. Biol. 21:719-26.

Pascual-Morales E. J., Arteaga-Tinoco I., García-Pineda E., Mellado-Rojas M. E. y Beltrán-Peña E. 2012. La insulina promueve el crecimiento de los pelos radiculares de *Arabidopsis thaliana*. Biológicas 14:1-6.

Peña-Correa R. 2010. Crecimiento de los cultivos celulares de tabaco NT-1 por insulina a través de la ruta de señalización PI3K/TOR. Tesis de Maestría. Universidad Michoacana de San Nicolás de Hidalgo, Morelia.

Pérez-Pérez M. E., Florencio F. J. and Crespo J. L. 2010. Inhibition of target of rapamycin signaling and stress activate autophagy in *Chlamydomonas reinhardtii*. Plant Physiol. 152:1874-1888.

Pérez-Pérez M. E., Lemaire S. D. and Crespo J. L. 2012 a. Reactive oxygen species and autophagy in plants and algae. Plant Physiol. 160:156-164.

Pérez-Pérez M. E., Couso I. and Crespo J. L. 2012 b. Carotenoid deficiency triggers autophagy in the model green alga *Chlamydomonas reinhardtii*. Autophagy 8:376-388.

Petersen L. N., Ingle R. A., Knight M. R. and Denby K. J. 2009. OXI1 protein kinase is required for plant immunity against *Pseudomonas syringae* in *Arabidopsis*. J. Exp. Bot. 60:3727-3735.

Petrasek J., Elckner M., Morris D. A. and Zazimalova E. 2002. Auxin efflux carrier activity and auxin accumulation regulate cell division and polarity in tobacco cells. Planta 216:302-308.

Pogány M., von Rad U., Grün S., Dongó A., Pintye A., Simoneau P., Bahnweg G., Kiss L., Barna B. and Durner J. 2009. Dual roles of reactive oxygen species and NADPH oxidase RBOHD in an *Arabidopsis-Alternaria* pathosystem. Plant Physiol. 151:1459-1475.

Potocky M., Jones M. A., Bezvoda R., Smirnoff N. and Zársky V. 2007. Reactive oxygen species produced by NADPH oxidase are involved in pollen tube growth. New Phytol. 174:742-751.

Proels R. K., Oberhollenzer K., Pathuri I. P., Hensel G., Kumlehn J. and Hückelhoven R. 2010. RBOHF2 of barley is required for normal development of penetration resistance to the parasitic fungus *Blumeria graminis* f. sp. hordei. Mol Plant Microbe Interact. 23:1143-1150.

Purvis A. C. 1997. Role of the alternative oxidase in limiting superoxide production by plant mitochondria. Physiol. Plant 100:165-170.

Rabinowitz J and White E. 2010. Autophagy and metabolism. Science 3:1344-1348.

Ramel F., Birtic S., Ginies C., Soubigou-Taconnat L., Triantaphylidès C. and Havaux M. 2012. Carotenoid oxidation products are stress signals that mediate gene responses to singlet oxygen in plants. Proc. Natl. Acad. Sci. USA 109:5535-5540.

Reggiori F., Tucker K. A., Stromhaug P. E. and Klionsky D. J. 2004. The Atg1-Atg13 complex regulates Atg9 and Atg23 retrieval transport from the pre-autophagosomal structure. Dev. Cell 6:79-90.

Reggiori F. and Klionsky D. J. 2005. Autophagosomes: biogenesis from scratch? Curr. Opin. Cell Biol. 17:415-422.

Rentel M. C., Lecourieux D., Ouaked F., Usher S. L., Petersen L., Okamoto H., Knight H., Peck S. C., Grierson C. S., Hirt H. and Knight M. R. 2004. OXI1 kinase is necessary for oxidative burst-mediated signalling in *Arabidopsis*. Nature 427:858-861.

Reumann S., Voitsekhovskaja O. and Lillo C. 2010. From signal transduction to autophagy of plant cell organelles: lessons from yeast and mammals and plant-specific features. Protoplasma 247:233-56.

Robaglia C., Thomas M. and Meyer C. 2012. Sensing nutrient and energy status by SnRK1 and TOR kinases. Curr. Opin. Plant Biol. 15:301-307.

Robledo-Paz. A. V., Adame-Álvarez. R. M., Jofre-Garfias A. E. 2006. Callus and suspension culture induction, maintenance and characterization. In Loyola-Vargas, V.M.V.F. (eds.), Plant Cell Culture Protocols: Meth. Mol. Biol., Humana Press Inc, USA, Vol. 318, pp. 59–86.

Robson C. A. and Vanlerberghe G. C. 2002. Transgenic plant cells lacking mitochondrial alternative oxidase have increased susceptibility to mitochondria-dependent and independent pathways of programmed cell death. Plant Physiol. 129:1908-1920.

Rodriguez-Andrade E. 2012. Estudio del desarrollo vegetativo y reproductivo de Arabidopsis thaliana por efecto de la insulina. Tesis de licenciatura. Facultad de QFB de la Universidad Michoacana de San Nicolás de Hidalgo.

Rodríguez-López C. D., Rodríguez-Romero A., Aguilar R. and Sánchez de Jimenez E. 2011. Biochemical characterization of a new maize (*Zea mays* L.) peptide growth factor. Protein Pept. Lett. 18:84-91.

Rose T. L., Bonneau L., Der C., Marty-Mazars D. and Marty F. 2006. Starvation- induced expression of autophagy-related genes in *Arabidopsis*. Biol. Cell 98:53-67.

Sakai A., Miyazawa Y., Saito C., Nagata N., Takano H., Hiramo H. Y. and Kuroiwa T. 1999. Amyloplast formation in cultured tobacco cells. III Determination of the timing of gene expression necessary for starch accumulation. Plant Cell Rep. 18:589-594.

Saltiel, A.R. and Kahn, C.R. 2001 Insulin signalling and the regulation of glucose and lipid metabolism. Nature 414:799-806.

Sánchez de Jiménez E., Beltrán-Peña E. and Ortíz-López A. 1999. Insulin-stimulated ribosomal protein synthesis in maize embryonic axes during germination. Physiol. Plant 105:148-154.

Santos V. 2003. Presenca de insulin em phaseolus vulgaris L. cv. Carioca. Monograph, Universidade Estadual Norte Fluminense Campos dos Goytacazes. R.J.

Saradha J. K., Srinivas K., Sridhar G. R., Subba B. R. and Apparao A. 2010. Plant insulin: An in silico approach. Int. J. Diab. Dev. Count. 30: 191-193.

Scherz-Shouval R., Shvets E., Fass E., Shorer H., Gil L. and Elazar Z. 2007. Reactive oxygen species are essential for autophagy and specifically regulate the activity of Atg4. EMBO J. 26:1749-1760.

Scherz-Shouval R. and Elazar Z. 2011. Regulation of autophagy by ROS: Physiology and pathology. Trends Biochem. Sci. 36:30-38.

Seglen P. O. and Gordon P. B. 1982. 3-Methyladenine: Specific inhibitor of autophagic/lysosomal protein degradation in isolated rat hepatocytes. Proc. Natl. Acad. Sci. USA 79:1889-1892.

Seo G., Kim S. K., Byun Y. J., Oh E., Jeong S. W., Chae, G. T. and Lee S. B. 2011. Hydrogen peroxide induces Beclin-1-independent autophagic cell death by suppressing the mTOR pathway via promoting the ubiquitination and degradation of Rheb in GSH-depleted RAW 264.7 cells. Free Radic. Res. 45:389-399.

Shackelford D. B. and Shaw R. J. 2009. The LKB1–AMPK pathway: metabolism and growth control in tumour suppression. Nat. Rev. Cancer 9:563-575.

Smith B. A., Reider M. L. and Fletcher J. S. 1982. Relationship between vital staining and subculture growth during the senescence of plant tissue cultures. Plant Physiol. 70:1228-1230.

Sohal R. S., Mockett R. J. and Orr W. C. 2002. Mechanisms of aging: an appraisal of the oxidative stress hypothesis. Free Radic. Biol. Med. 33:575-586.

Sormani R., Yao L., Menand B., Ennar N., Lecampion C., Meyer C. and Robaglia C. 2007. *Saccharomyces cerevisiae* FKBP12 binds *Arabidopsis thaliana* TOR and its expression in plants leads to rapamycin susceptibility. BMC Plant Biol. 7:26-33.

Suttangkakul A., Li F., Chung T. and Vierstra R. D. 2011. The ATG1/ATG13 protein kinase complex is both a regulator and target of autophagic recycling in *Arabidopsis*. Plant Cell 23:3761-3779.

Suzuki K., Kubota Y., Sekito T. and Ohsumi Y. 2007. Hierarchy of Atg proteins in pre-autophagosomal structure organization. Genes Cell 12:209-218.

Sweetlove L. J., Fell D. and Fernie A. R. 2008. Getting to grips with the plant metabolic network. Biochem. J. 409:27-41.

Takatsuka C., Inoue Y., Matsuoka K. and Moriyasu Y. 2004. 3-Metyladenine inhibits autophagy in tobacco culture cells under sucrose starvation conditions. Plant Cell Physiol. 45:265-274.

Takatsuka C., Inoue Y., Higuchi T., Hillmer S., Robinson D. G. and Moriyasu Y. 2011. Autophagy in tobacco BY-2 cells cultured under sucrose starvation conditions: isolation of the autolysosome and its characterization. Plant Cell Physiol. 52:2074-2087.

Takeda S., Gapper C., Kaya H., Bell E., Kuchitsu K. and Dolan L. 2008. Local positive feedback regulation determines cell shape in root hair cells. Science 319:1241-1244.

Thompson A. R., Doelling J. H., Suttangakakul A. and Vierstra R. D. 2005. Autophagic nutrient recycling in *Arabidopsis* directed by the ATG8 and ATG12 conjugation pathways. Plant Physiol. 138:2097-2110.

Thordal-Christensen H., Zhang Z., Wei Y. and Collinge D. B. 1997. Subcellular localization of $H_2O_2$ in plants. $H_2O_2$ accumulation in papillae and hypersensitive response during the barley-powdery mildew interaction. Plant J. 11:1187-1194.

Torres M. A., Dangl J. L. and Jones J. D. 2002. *Arabidopsis* gp91phox homologues AtrbohD and AtrbohF are required for accumulation of reactive oxygen intermediates in the plant defense response. Proc. Natl. Acad. Sci. USA 99:517-522.

Tripathy B. C., Mohapatra A. and Gupta I. 2007. Impairment of the photosynthetic apparatus by oxidative stress induced by photosensitization reaction of protoporphyrin IX. Biochim. Biophys. Acta 1767:860-868.

Tripathy B. C. and Oelmuller R. 2012. Reactive Oxygen species generation and signaling in plants. Plant Sign. Behav. 7:1-13.

Turck F., Kozma S. C., Thomas G. and Nagy F. 1998. A heat-sensitive *Arabidopsis thaliana* kinase substitutes for human p70s6k function in vivo. Mol. Cell Biol. 18:2038-2044.

Turck F., Zilbermann F., Kozma S. C., Thomas G. and Nagy F. 2004. Phytohormones participate in an S6 kinase signal transduction pathway in *Arabidopsis.* Plant Physiol. 134:1527-35.

van der Fits L., Deakin E. A., Hoge J. H. and Memelink J. 2000. The ternary transformation system: constitutive virG on a compatible plasmid dramatically increases Agrobacterium-mediated plant transformation. Plant Mol. Biol. 43:495-502.

Vanhee C., Guillon S., Masquelier D., Degand H., Deleu M., Morsomme P. and Batoko H. 2011. A TSPO-related protein localizes to the early secretory pathway in *Arabidopsis*, but is targeted to mitochondria when expressed in yeast. J. Exp. Bot. 62:497-508.

Vezina C., Kudelski A. and Sehgal S. N. 1975. Rapamycin (AY-22,989), a new antifungal antibiotic. Taxonomy of the producing streptomycete and isolation of the active principle. J. Antibiot. 28:721-726.

Villa-Hernández J. M., Dinkova T. D., Aguilar-Caballero R., Rivera-Cabrera F., Sánchez de Jiménez E. and Pérez-Flores L. J. 2013. Regulation of ribosome biogénesis in maize embryonic axes during germination. Biochimie 95:1871-1879.

Vlahos C. J., Matter W. F., Hui K. Y. and Brown R. F. 1994. A specific inhibitor of phosphatidylinositol 3-kinase, 2-(4-morpholinyl)-8-phenyl-4H-1-benzopyran-4-one (LY294002). J. Biol. Chem. 269:5241-8.

Walters D. R. 2003. Polyamines and plant disease. Phytochemistry 64:97-107.
Wang Q., Somwar R., Bilan P. J., Jin J., Woodgett J. R. and Klip A. 1999.Protein Kinase B/Akt Participates in GLUT4 Translocation by Insulin in L6 Myoblasts. Mol. Cell. Biol. 19:4008-4018.

Wang Y., Yu B., Zhao J., Guo J., Li Y., Han S., Huang L., Du Y., Hong Y., Tang D. and Liu Y. 2013. Autophagy contributes to leaf starch degradation. Plant Cell DOI10.1105/tpc.112.108993.

White E. and DiPaola R. S. 2009. The double-edged sword of autophagy modulation in cancer. Clin. Cancer Res. 15: 5308-5316.

Williams B., Kabbage M., Kim H. J., Britt R. and Dickman M. B. 2011. Tipping the balance: *Sclerotinia sclerotiorum* secreted oxalic acid suppresses host defenses by manipulating the host redox environment. PLoS Pathog. 7:e1002107.

Xie Z., and Klionsky D. J. 2007. Autophagosome formation: Core machinery and adaptations. Nat. Cell Biol. 9:1102-1109.

Xiong Y., Contento A. L. and Bassham D. C. 2007. Disruption of autophagy results in constitutive oxidative stress in *Arabidopsis*. Autophagy 3:257-258.

Xu J., Yu S., Sun A. Y. and Sun G. Y. 2003. Oxidant-mediated AA release from astrocytes involves cPLA(2) and iPLA(2). Free Radic. Biol. Med. 34:1531-1543.

Yang Z. and Klionsky D. J. 2009. An overview of themolecular mechanism of autophagy. Curr. Top. Microbiol. Immunol. 335:1-32.

Yang Z. and Klionsky D. J. 2010. Eaten alive: a history of macroautophagy. Nat. Cell Biol. 12:814-22.

Yoshimoto K., Hanaoka H., Sato S., Kato T., Tabata S., Noda T. and Ohsumi Y. 2004. Processing of ATG8s, ubiquitin-like proteins, and their deconjugation by ATG4s are essential for plant autophagy. Plant Cell 16:2967-3983.

Printed by Books on Demand GmbH, Norderstedt / Germany